纺织服装高等教育"十三五"部委级规划教材

U0163289

FLAX SPINNING TECHNOLOGY

亚麻纺纱工艺学

◎ 孙颖 孙丹 栗洪彬 主编

东华大学出版社

·上海·

前　　言

　　本教材是根据高等教育改革的需要及亚麻纺纱技术的发展而编写的。本教材可以作为高等纺织院校纺织工程专业课的教材,也可供纺织工程技术人员及科研人员阅读参考。

　　全书共分十章,主要介绍从原料初加工到最终形成纱线的亚麻纺纱过程中的主要加工技术。全书按照亚麻纺纱系统的加工流程进行编写,对亚麻纺纱的工艺过程、设备原理、纺纱基本原理及其在生产中的应用进行阐述。

　　本书由齐齐哈尔大学孙颖、孙丹、栗洪彬主编。第一、二章由孙颖编写;第三、四、五、六、九、十章由孙丹编写;第七、八章由栗洪彬编写。全书由孙颖统稿。

　　限于编者水平,书中难免存在不妥和差错。敬请广大读者批评指正。

编者

目　　录

第一章 绪 论

第一节 亚麻种类

根据亚麻的生物学、形态学、经济学特征,将亚麻变种分为纤维用亚麻、油纤两用亚麻、油用亚麻、大粒种亚麻、半冬性葡萄茎亚麻五类,其中常见的有三种,如图1-1所示。

1. 纤维用亚麻

纤维用亚麻为长茎麻。其纤维可供纺织,是亚麻纺的主要纤维原料。我国的主要产地在东北平原,以黑龙江省为最多,吉林省次之。

2. 油纤两用亚麻

油纤两用亚麻又称油纤兼用亚麻,俗称胡麻,为中茎麻。该麻茎高为 50～70 cm。其纤维可供纺织;其籽可榨油,供食用及其他用途。我国的主要产地是西北各地。

3. 油用亚麻

油用亚麻为多枝麻或短茎麻。该麻茎高为 30～

1—纤维用亚麻 2—油纤两用亚麻 3—油用亚麻

图1-1 常见的三种亚麻

50 cm,主要取其籽榨油。该种亚麻在我国较少生产,大多产于印度、阿根廷、巴西等地。

第二节 亚麻生长过程

一、 亚麻的形态特征

全株由根、茎、叶、花、蒴果和种子等部分构成。

1. 根

亚麻属直根系,由主根和侧根组成。

2. 茎

亚麻茎成熟后呈黄色。茎是亚麻最有工艺价值的部分,含有大部分可纺纤维。

3. 叶

亚麻子叶呈椭圆形。下部较小,呈匙形;上部细长,呈披针形;中部呈纺锤形。

4. 花

亚麻花以蓝色为主调。

5. 蒴果和种子

亚麻的桃形蒴果成熟时呈黄褐色;亚麻种子呈扁卵形,表面光滑有光泽,呈深褐色。

二、 亚麻的生长发育特征

1. 生长发育过程

亚麻的生长发育期为 90～95 天,需要凉爽而湿润的气候。其生长发育过程可分为苗期、枞形期、快速生长期、现蕾开花期和成熟期。

(1) 苗期。7～9 天出苗,整个苗期 10 天左右。

(2) 枞形期。幼苗出土后 20 天左右的期间内,地上部分生长缓慢,每昼夜伸长 0.1～0.8 cm,叶片聚生在植株顶端,呈小枞树状。

(3) 快速生长期。此阶段,亚麻每昼夜可生长 3～5 cm,结束后株高是成熟期的 70%,需 20 多天。

(4) 现蕾开花期。此阶段需 25～30 天。开花后,亚麻停止生长。

(5) 成熟期。亚麻成熟期需 20～25 天。之后,茎部组织迅速木质化,直到种子成熟。

2. 生长发育环境

(1) 温度。亚麻生长发育阶段所要求的平均温度:出苗期(发芽期)为 8 ℃,最低温度为 1 ℃;枞形期为 10 ℃;快速生长期为 15～18 ℃;成熟期为 20～25 ℃。总之,亚麻在生长发育过程中,要求气温逐渐上升,这样可使亚麻发育良好,获取的纤维品质优良。

(2) 水。亚麻是一种需要较多水分的作物。它在快速生长期对水分最为敏感,若此时缺水会难以正常生长,从而严重影响纤维含量与质量。然而,亚麻在开花后,需要的水分会适当减少。

(3) 光照。亚麻是长日照作物,虽然不要求强烈的光照,但在其生长发育过程中,要求得到充分的光照,每天应有 12 h 以上的光照时间。

(4) 土壤。亚麻的种植要求土壤结构良好,具有丰富的腐植质,蓄水性能好,空气容易流通,有利于微生物的活动。因此,在黑钙土和淋溶黑钙土上种植亚麻,能获得优质高产的亚麻纤维,而在砂土或黏土上,种植亚麻都是不合适的。

(5) 营养。亚麻对氮、磷、钾这三种元素都有要求,缺少其中的任何一种,都会影响其生长发育。

三、 亚麻茎的结构

亚麻茎的结构可分为表皮层、韧皮部、形成层、木质部和髓部,如图 1-2 和图 1-3 所示。利用显微镜观察亚麻茎横截面时,可看到不同形状的细胞逐个呈环状排列,构成麻茎的组织层,而各组织层之间由一种相同的细胞连接。

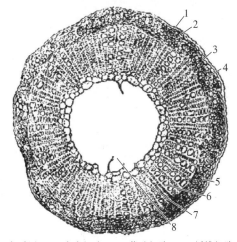

1—角质层 2—表皮细胞 3—薄壁细胞 4—纤维细胞
5—形成层 6—导管 7—髓部 8—髓腔

图 1-2 亚麻茎的横截面

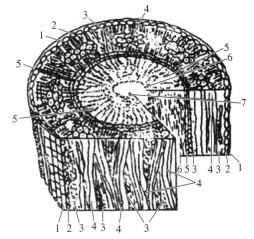

1—薄皮 2—表皮 3—薄壁细胞 4—韧皮部
5—形成层 6—木质部 7—髓部

图 1-3 亚麻茎的切面

1. 表皮层

表皮层包括表皮组织和皮层。

(1)表皮组织。麻茎的保护组织称为表皮。表皮由薄壁组织组成,是一层薄而紧密、坚固的覆盖组织。表皮细胞表面常常分化出无结构的薄膜,称为角质层。在角质层外面,还有蜡质。

(2)皮层。亚麻茎的皮层由薄壁组织和内皮层组成。薄壁组织不仅是皮层的组织,而且也充满于其他组织的结缔部分,使亚麻茎成为一个整体。

2. 韧皮部

韧皮部包括最有价值的纤维束。纤维束由一群有较小空腔的厚壁细胞组成。这些厚壁细胞就是单纤维。每一束单纤维的两端沿轴向互相搭接在一起,或者沿侧向被果胶及其半纤维素等紧密包围而结合在一起,从而形成网状支架,使麻茎结构坚固,可保护其内部的柔软组织。

韧皮单纤维是沿亚麻茎轴向生长的厚壁细胞。亚麻单纤维长度为 20~26 mm,黄麻单纤维长度仅 1~4 mm,而单苎麻纤维长度可达 500 mm。

韧皮薄壁组织(或皮层薄壁组织)的厚度与初加工有关,薄壁组织越厚,沤麻时间越长。

3. 形成层

在韧皮部和木质部之间,有几层细胞,叫形成层。其中有一层细胞具有分裂能力。这层细胞向外分裂产生的细胞逐渐分化成新的次生韧皮部,而向内分裂产生的细胞逐渐分化成新的次生木质部。因此,形成层属于分生组织。麻茎成熟时,形成层细胞死亡。

4. 木质部

木质部主要由导管、木质纤维和木质薄壁组织组成。木质纤维是木质部的机械组织,它与韧皮纤维相似,但很短,长度仅为 0.3~1.3 mm,并且细胞壁是木质化的。

5. 髓部

从木质部以内是髓部,也是亚麻茎的中心部分。髓部由易碎的薄壁细胞组成。髓细胞随着亚麻的成长逐渐破坏,因此成熟的亚麻茎中央形成空腔。

亚麻茎各组织层的厚度见表1-1。

表1-1　亚麻茎各组织层的厚度

组织层名称	横截面		
	厚度(μm)	占亚麻茎半径的比例(%)	占髓部之外的亚麻茎半径的比例(%)
表皮层	10～20	2.0～2.7	4.0～5.2
韧皮部	70～110	14.0～14.7	28.2～28.0
形成层	5～10	1.0～1.3	2.0～2.6
木质部	165～250	33.0～33.3	64.0～66
髓部	250～360	48.0～50.0	—
合计	500～755	100	—

图1-4所示为亚麻纤维细胞结构。由纤维细胞的纵剖面可以看到亚麻单纤维的X型裂节,它是鉴别麻类纤维的重要特征之一。亚麻纤维细胞横截面显示细胞壁中有层状轮纹结构。轮纹由原纤层组成,其厚度平均为0.4 μm左右。原纤层由许多平行排列的原纤以螺旋状缠绕起来而形成。原纤直径为0.2～0.8 μm,各层的螺旋方向均为左旋。亚麻纤维的螺旋角为6°18′。其他纤维也有这种结构,如棉纤维的螺旋角为38°80′。亚麻纤维的原纤方向与轴线方向一致。

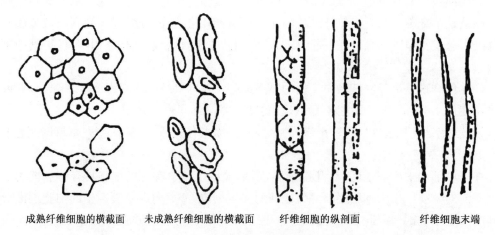

成熟纤维细胞的横截面　　未成熟纤维细胞的横截面　　纤维细胞的纵剖面　　纤维细胞末端

图1-4　亚麻纤维细胞结构

第三节　亚麻纤维加工概述

一、初加工工艺流程

从田间收获的亚麻茎脱粒后成为亚麻原茎。亚麻原茎经过脱胶(沤麻)晾晒成为干茎。干茎通过碎茎等加工获取亚麻工艺纤维(又称为打成麻)。将亚麻原茎经过一系列加工,获得亚麻纤维的整个过程称为初加工。初加工一般在原料厂进行。

初加工工艺流程:亚麻原茎→选茎→捆束→脱胶(沤麻)→干燥→入库养生→碎茎→打麻→打成麻和落麻→梳理和分级。

二、纺纱加工工艺流程

分为湿法纺纱和干法纺纱。

(一) 湿法纺纱

湿法纺纱工艺流程:打成麻入厂检验→打成麻出库→加湿养生→手工分束→打捆→栉梳→梳成长麻(或梳成短麻)→手工分号→打捆→入库保管。

1. 梳成长麻纺纱

梳成长麻纺纱过程:梳成长麻→梳成长麻物理试验→梳成麻加湿养生→出库→配麻→手工成条→配组→长麻预并(或混条机)→1~4道并条→长麻粗纱→粗纱漂练→湿纺细纱→干燥→细纱分色→络筒→筒纱外观修整→包装→入库。

2. 梳成短麻纺纱

梳成短麻纺纱过程:梳成短麻→梳成短麻物理试验→配麻→混麻加湿(或黄麻回丝机)→梳麻→针梳(或再割)→再割(或针梳)→针梳→精梳→针梳(4道)→短麻粗纱→粗纱漂练→湿纺细纱→干燥→细纱分色→络筒→筒纱外观修整→包装→入库。

(二) 干法纺纱

国内的干法纺纱工艺流程:混麻加湿→梳麻→2或3道针梳→粗纱→干纺细纱→络筒→包装→入库。

国外一些地区的长麻干法纺纱工艺流程:梳成长麻→手工成条→3或4道并条→粗纱→干纺细纱→络筒→包装→入库。

第二章 打成麻制取

第一节 概 述

亚麻原料初加工的目的是从亚麻原茎中提取可用于纺织的亚麻纤维。

为了适应亚麻纺纱工艺的要求,使纺纱顺利进行,在亚麻纺纱中,采用的是亚麻工艺纤维。所谓工艺纤维,是指由若干根亚麻原级纤维(单纤维),藉果胶质粘连而成的纤维束,其表面有竖纹与横节特征。

亚麻纺纱厂所使用的原料为亚麻打成麻。所谓亚麻打成麻,是指亚麻原茎经浸渍脱胶(沤麻)并经过养生成为亚麻干茎,再经碎茎和打麻,把麻茎的木质部与表皮打净加工制成的长纤维。亚麻打成麻的制取是在亚麻原料厂完成的。在亚麻原料厂完成的从亚麻原茎中提取可纺的亚麻工艺纤维的过程称为亚麻初加工。亚麻初加工主要包括亚麻脱胶(沤麻)和制麻两部分。亚麻初加工工艺流程如图2-1所示。

图 2-1 亚麻初加工工艺流程

打成麻经手工梳理或二次梳理后落下或梳下的紊乱亚麻纤维,俗称一粗。机械打麻产生的落麻经过短麻处理机处理后,成为二粗。一般来说,一粗和二粗统称为粗麻,经打包后可发往纺纱厂或其他工厂。

第二节 选茎和捆麻

一、选茎

亚麻原茎的粗细和色泽不同会影响沤麻时间的长短,影响到以后的机械加工。较粗的干茎在碎茎机上破碎时不需要太大的弹簧压力，但较细的干茎则需要较强的压力，因此，原茎外观的一致性对于沤麻制麻都是很重要的。但是，从市场收购的原茎在外观形态上不可能达到沤麻所要求的均匀一致性，因此在沤麻前必须进行选茎。亚麻纤维的质量往往不完全取决于原茎的外部形态，而取决于亚麻栽培条件。对同一品种的亚麻而言，由于土壤、前作物、施肥量、施肥种类等栽培条件不同，外部形态一致的原茎所生产的纤维质量并不完全一致。因此，最好按栽培条件的异同分别收获亚麻。

麻茎组织结构的差别首先影响沤麻的时间长短。如果在同一时间内一些原茎的果胶分解过程已经结束，而另一些原茎的发酵程度不够，加工后长麻率低，质量差。

按不同的栽培条件分别收获的麻茎，应该从色泽、粗细和长短等性状进行挑选。在西欧等种麻国家，由于栽培技术先进，气候条件适宜，同一条件下生长的麻，外部形态比较一致，因此无需选茎工序。我国则需在收获时按麻茎的长短、粗细和色泽分别收获捆把。

在选茎时，需遵从两个一致性原则，就是发酵的一致性和打麻的一致性。在我国现行的温水沤麻中，这道工序由两部分组成，即捆茎和分等级。

从沤麻要求上看，由于原茎的颜色和粗细不同影响着沤麻的时间长短，而其长度与沤麻时间的关系不大，因此选茎时要按颜色和粗细分开。从制麻要求上看，要着重选出麻茎的长短与粗细。因此，粗细在三个指标（长短、粗细和颜色）中是主要的指标。麻茎在正常的生长条件下，分清粗细的同时，也基本上分清了长短。亚麻茎的颜色代表了麻茎的成熟度，是识别麻茎的主要特征。

二、束捆

束捆即捆麻，俗称捆小麻。把选茎后的原茎捆成小麻，是为了便于晾晒。麻把的大小以便于握持为准，质量一般为 300～500 g。捆麻工根据工艺上对外观形态一致性的要求，以麻把为单位进行挑选、配把，然后割去或解开麻绕。麻捆质量为 25～30 kg。麻捆分为两大把，颠倒捆扎，为便于晾晒，根梢相错 5～10 cm，两道绕，都要扎成活扣。对麻捆的要求，除了所选麻把外观形态均匀一致外，还要求捆扎紧密结实，为提高装载密度创造条件。这道工序对于工厂内采用温水沤麻尤为重要。

第三节　亚麻脱胶方法

亚麻工艺纤维以纤维束的形式存在于亚麻原茎的韧皮部。纤维束与纤维束之间、韧皮部与木质部之间，都存在果胶、半纤维素及木质素等非纤维性物质。为获取工艺纤维，必须在一定程度上破坏它们之间的联结。在工程上用某种方法分解亚麻茎内非纤维性物质，破坏纤维束与周围组织的粘连，获得亚麻工艺纤维的过程，叫作亚麻的脱胶，俗称沤麻。

脱胶的基本原理是利用微生物分解的果胶酶来分解亚麻原茎中的果胶物质。酶是生物体内的蛋白质，具有催化的高效性和专一性。一般来说，果胶酶包括以下几种：

（1）原果胶酶。即能够使原果胶水解，形成水溶性果胶或果胶酯酸的酶。

（2）果胶酯酶。这种酶能够催化水解果胶分子中的甲氧基与半乳糖醛酸之间的酯键，形成半乳糖醛酸和甲醛，进而转变成溶于水的小分子物质。

麻纤维通常采用的脱胶方法主要有温水脱胶、雨露脱胶、酶法脱胶、化学助剂脱胶、高温水解脱胶、蒸汽脱胶等。

一、温水脱胶

温水沤麻发酵过程大致分为三个阶段：物理阶段、前生物阶段和主生物阶段。

1. 物理阶段

麻茎被水浸湿后，体积增大，表皮破裂，麻茎内部的空气被水排挤到液面，可溶解的有机物及矿物质从茎内溢出，池水颜色改变，呈红褐色。这些物质在水中积聚，为各种微生物创造繁殖的环境。于是，浸渍液成为其中各种微生物繁殖的培养基。这些微生物不是人工加入的，是固有的，是麻茎、泥土和水等本身所带的自然微生物群，这些微生物利用浸渍液中的有机物进行繁殖。由于营养而开始竞争，导致不太稳定的微生物种类消失。

此阶段对以后的沤麻过程具有很重要的意义，因为麻茎组织被水浸透，以及麻茎排出可溶物质等，都是亚麻中的果胶物质能够发酵的必备条件。此阶段的持续时间从达到温水时算起，在 $30\sim32$ ℃水温下，一般为 $6\sim8$ h。

2. 前生物阶段

在物理阶段从麻茎中转移到水中的糖类及其他碳水化合物恰好是细菌的养分。于是，在溶液中各种能引起果胶物质等发酵的微生物开始繁殖起来。由于微生物的作用，溶液中的有机物质分解，首先是糖类分解，这就是发酵的第二阶段，即前生物阶段。其实质就是在沤麻水中的水溶性物质发酵。从液面上看，这一阶段会出现下列情况：温水沤麻 $6\sim8$ h 后，从溶液中逸出气体并发出响声，在液面形成泛白色的泡沫，并迅速布满整个液面；经过 $18\sim24$ h 以后，泡沫减少，呈混浊色，不再密集于整个液面，只分散在个别区域，在各区域间逐渐形成薄膜，泡沫破裂。液面分成各区并出现薄膜便说明沤麻的第二阶段渐趋结束。

在物理阶段末期，出现了好氧球细菌类。在整个前生物阶段，这类细菌占据优势。借助这些典型乳酸细菌（伴生菌）进行浸渍液的发酵，同时浸渍液被好氧微生物吸收，在液体中形成这些细菌的生命活动产物：非挥发性乳酸、二氧化碳和氢。随着水溶液物质的微生物发酵，液体中剩下的细菌营养物质减少。

在这一阶段，发酵过程由缓慢渐变旺盛，又由旺盛渐变低落。这一阶段主要是球菌、可溶性物质（其中果胶物质占 40%）发酵，形成酸类（乳酸、碳酸等），因此，溶液呈酸性。这一阶段中，虽然麻茎组织没发生任何结构上的变化，但是好氧细菌对氧气的消耗为后面的主生物阶段创造了条件。

3. 主生物阶段

即果胶物质发酵阶段。它开始于第一昼夜末或第二昼夜初，气泡重新增加，沤麻水继续积累有机酸，并释放丁酸的特有气味。果胶物质发酵，引起麻茎结构变化，中间组织分解，纤维束被释放。

此外，液体本身由于有机酸积累而形成了不适于物理阶段产生的微生物进一步生长的环境。与此相反,果胶分解菌在茎上强烈地发育,伴生的酸分解菌在液体中繁殖起来,进入主生物阶段。此阶段主要借助果胶分解菌对原果胶物质发酵,达到脱胶的工艺目的。

在前生物阶段,pH 值下降较快,在主生物阶段,pH 值下降逐渐趋于缓慢,当 pH 值达到 4.8 左右时,由于沤麻水的缓冲作用,pH 值几乎稳定不变。在达到沤麻工艺终点时,pH 值略有上升。

二、 雨露脱胶

此种方法是利用好氧性真菌,也就是在有氧的条件下,在空气自由流通和温度固定不变的条件下完成的。这是由低等真菌发挥主要作用。

这种方法是将亚麻原茎铺放在露天空场地(如场院、道路等)上,时间一般为 20～30 天,利用雨水和露水等自然条件来达到沤麻的目的。其优点是操作简便,容易实现,所以生产成本最低。但是,它的缺点是因雨水和露水受自然条件的影响,不能实现有效控制。在理论上,这种方法能获取纺纱性能高的亚麻纤维,但是我国目前生产的雨露麻,其纺纱性能是很差的。

影响雨露沤麻的主要因素是温度、湿度和光照条件。微生物发育最适宜的温度是 18～30 ℃,而且变化不应剧烈。最佳湿度范围是 50%～60%,过于干燥会使发酵过程中止,湿度过高,会抑制真菌发育,从而使细菌开始活跃起来。日光可破坏色素,使亚麻原茎色泽变白,从而有助于发酵过程的进行。雨露麻一般为银灰色和深灰色。

雨露脱胶法在世界上被广泛应用,主要优点是无污染,可机械化连续作用和节省能源,而且制出的纤维有特殊臭味,纤维的颜色备受人们喜爱。但是,雨露脱胶法受气候的限制和影响,质量时好时坏。这种方法比较适宜西欧地区的国家。我国由于气候干燥,当前雨露麻的质量不稳定。

这种方法无污染,节约能源,麻纤维的颜色比较自然,这是温水脱胶法无法比拟的,但脱胶质量难以控制,受自然环境因素的影响大。

三、 酶法脱胶

在温水脱胶过程中,人工加入一定量的酶制剂以加速沤麻过程,叫作酶法沤麻,发酵过程叫酶法发酵。采用的酶制剂是一种复合酶,主要有果胶分解酶、蛋白酶、纤维素酶和半纤维素酶。

用于亚麻脱胶的酶一般为液体,和粉剂相比,不易散发到空气中,不会侵害人的呼吸道。用酶法沤麻时,酶的浓度为每吨溶液中加 5 kg 酶,即 0.5%。当浴比为 1∶10 时,酶制剂对亚麻原茎的用量为 5%,重复利用 10 次,加上每次酶的损失量,酶的最后耗用量为 2%,即沤好 1 t 亚麻原茎需用酶 20 kg。

酶法脱胶时间比单独使用温水脱胶时短很多。

四、化学助剂脱胶

在温水沤麻过程中,加入一定量的化学药品以加速沤麻过程,叫作化学助剂沤麻法。

加入的化学药品主要是含氮物质,用于改善沤麻过程中作用于菌的生活条件,加速其生长繁殖,增加沤麻水中的果胶酶活性,从而加速沤麻过程。相关研究表明,通过添加原茎质量1%的硫酸铵和碳酸铵,沤麻过程可加快 24.6%~33%。

五、 高温水解脱胶

将麻茎置于高压高温(0.25 MPa,126~138 ℃)条件下,使果胶物质发生水解,从而达到脱胶目的的方法,叫高温水解法。高温水解法是一种不添加化学药品的化学脱胶法。

高温水解法有汽蒸法和水煮法两种。

1. 汽蒸法的基本过程

原茎立装于高压罐内,浸泡 1 h 后排水,在 0.25 MPa 下汽蒸 75 min,汽蒸 10 min 后,每间隔 8~10 min 喷淋 15~20 min,排气,注水,再浸泡 30 min,然后出茎,进行压洗。

2. 水煮法的基本过程

注水后立即通气升压至 0.25 MPa,直接水煮 2~8 h,然后排水、出茎,进行压洗。

亚麻原茎脱胶无论采用何种方法,都属于半脱胶,也只能是半脱胶,因为亚麻单纤维的平均长度只有 6~20 mm,若采用全脱胶,会失去纺纱价值,这里的"半"指"不完全"。

第四节 打成麻的制取工艺

一、 干燥

亚麻原茎经过浸渍工序后,都含有大量的水分,因此必须经过干燥。干燥后的麻茎称为干茎。干燥通常采用两种方法:一种是利用大气条件自然干燥;另一种是利用机器干燥。

1. 自然干燥

自然干燥是利用太阳光照射和空气流动的作用,使湿态麻茎变成干态麻茎。这种干燥方法制取的亚麻纤维手感柔软且有弹性,光泽柔和,色泽均匀,麻纤维品质优于用机器干燥方法,但受天然条件的影响较大。

2. 机器干燥

此法利用机器设备进行干燥,用时减少,但比较费电。

二、 打成麻的制取过程

从脱胶、干燥后的亚麻茎中获取亚麻工艺纤维的过程,叫作制麻。亚麻机械制麻的工艺流程如图 2-2 所示。

1. 干茎养生

干茎养生的目的是增加韧皮部的强力,突出木质部与韧皮部的弹性模数(即抗弯折能力)的差异,为下一道机械打麻创造适宜的工艺条件(如回潮率),使麻茎在受到设备打击的过程中,韧皮部的纤维能够承受各种力的作用,损伤减少,纤维易与木质部分离,从而获得

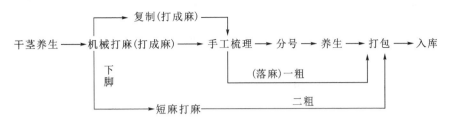

图 2-2 亚麻机械制麻的工艺流程

较高的长麻率和优质的纤维。

干茎养生有人工加湿养生和堆垛自然养生两种方法。

（1）人工加湿养生。把干茎烘到一定的回潮率（如 8%），然后再加湿到工艺要求的回潮率。

（2）堆垛自然养生。把经过自然干燥的干茎堆置起来,存放一些时间,使干湿度不匀的麻茎达到平衡。干茎在堆放过程中会进一步发酵。

2. 打麻

干茎养生之后,可用手工或机械打麻。

（1）手工打麻。干茎经过碎茎机后,用简单的轮式打麻机手工制取纤维。手工打麻已基本被淘汰。

（2）机械打麻。机械打麻是利用打麻联合机进行碎茎、打麻,连续制取纤维的方法。各种型号的打麻联合机都由喂麻机、揉麻机和打麻机组成。制麻时,在铺麻台上,由人工将干茎横向均匀连续喂入喂麻机。喂麻机将麻层进一步平铺并拉伸成薄层,自动传送给揉麻机碎茎,破坏麻茎结构,然后进入打麻机打麻,制取的长纤维即为打成麻。

3. 分号、养生、打包、入库

将梳理后的打成麻按质量标准以感官法评定质量等级,我国称为分号。分号之后,进入养生室养生,以提高打成麻的回潮率,改善纤维性能,之后进行打包、入库,完成初加工的整个工艺过程。

第五节 打成麻品质与评定

一、亚麻打成麻品质指标

表示亚麻打成麻品质的指标主要有强度、细度（分裂度）、长度、可挠度（柔软度）、含杂率、整齐度、重度、色泽和吸湿性等。所有指标都是对束纤维的描述。

1. 强度

测强度时,将打成麻整理成长 270 mm、重 420 mg 的麻束,在 YG015 型强力机上进行拉伸试验,夹持距离为 100 mm,共试验 30 次。

强度与亚麻生长条件和浸渍工艺有关。强度高表示单位截面上能够经受的外力大,这使亚麻纤维具有更高的纺纱性能。国产打成麻的纤维强度一般在 $490\sim588$ N/mm^2,相当于 270 mm 长、420 mg 重的麻条在强力机上测出的断裂强力为 $127\sim343$ N。

2. 细度(分裂度)

这项指标反映亚麻工艺纤维的粗细情况,它取决于亚麻的初步加工工艺及收获期。细度的测定采用中段切断称重法,也可以采用适合的细度气流仪,后一种方法简便、快速。因为这项指标对纺纱性能有直接影响,所以它是一项十分重要的技术指标。我国打成麻的纤维分裂度一般在 $5\sim10$ tex($100\sim200$ 公支)。在亚麻纺纱过程中,亚麻工艺纤维在各工序中不断地受到分劈而变细,因此亚麻纤维的分裂度在各工序中是不同的。

3. 长度

打成麻的长度一般在 $300\sim750$ mm,直接用尺子度量,为保证达到工艺要求,最好用间接加热保温的方法,这样能够持续观察纤维下垂状况。柔软的纤维应具有较好的弹性和下垂性。在一定的范围内,较长的纤维与其品质正相关。

4. 可挠度

这项指标反映打成麻的柔软程度,与亚麻的生长过程及脱胶工艺有密切关系。一般来说,可挠度高的工艺纤维,其可纺性好。根据我国的打成麻质量情况,一般规定:可挠度在 50 mm 以下的为粗硬的打成麻,在 $50\sim60$ mm 的为正常的打成麻,60 mm 以上的为柔软的打成麻。

5. 整齐度

整齐度指纤维束间长度的差异程度。好的打成麻应根梢整齐,长度基本一致。长度差异较大的麻束或人为将根梢错落脱节的麻束捆在一起,将给手工分束造成困难,并降低长麻梳成率,因此在实际生产中比较看重打成麻的整齐度。

6. 含杂率

含杂率指打成麻中含有杂质的质量百分数。一般含草杂和加工不足的麻中,麻屑也计算在含杂率中。亚麻打成麻的含杂率一般控制在 10% 以下。

7. 重度

重度的定义是单位体积的打成麻所具有的质量。重度高表示亚麻工艺纤维中含有原级纤维的数量多,强度高,可纺性好。一般亚麻打成麻的重度在 1.37 g/cm^3 左右。

8. 色泽

很难说亚麻纤维呈现的是一种什么颜色,确切地说应是"亚麻色"。可以近似地认为,雨露麻以灰白色为基调,温水麻以黄褐色为基调,颜色均匀一致且淡而有光泽的为好。

9. 吸湿性

吸湿性反映亚麻纤维吸收空气中水分的能力,一般以回潮率表示。在实际生产中,亚麻打成麻修正强力时的回潮率为 10%,而折算质量时的公定回潮率为 13%。

二、打成麻的品质评定

1. 仪器评定法

这种方法以内在质量为主要依据,因此评定出来的麻号比较正确、可靠,但较费时。

2. 感官评定法

此法依靠有经验的工作人员，用手摸、眼看的方式，参照打成麻麻号标样，以外观质量指标为依据进行评定。此法极简便、快速，但结果误差较大。

三、 我国的打成麻麻号

打成麻的麻号标志着打成麻的质量水平，决定着打成麻的可纺性能。我国现行的打成麻麻号分为温水浸渍麻和雨露麻两种。

1. 温水浸渍麻

温水浸渍麻打成麻分为 18 个号，分别是 3、4、5、6、7、8、9、10、11、12、13、14、15、16、17、18、19、20 号。

2. 雨露麻

雨露麻打成麻分为 9 个号，分别是 4、6、8、10、12、14、16、18、20 号。

3. 麻号评定及升降办法

（1）对温水浸渍麻打成麻，用感官鉴定结合强度评定其麻号。

（2）对雨露麻打成麻，以感官鉴定为准。

（3）感官鉴定时，按照我国 DB/2300W31002—1987 标准对照实物标样评定麻号。平均麻号允许误差±0.25 号，否则升降到相应的麻号，但升号时不能低于所升号数的强度。

（4）强度低于规定最低指标时，降到符合强度限内的最高号数。

打成麻经过上述感官性能的综合评定，即能确定打成麻的麻号。如果被评定批量打成麻中存在品质等级不一致的情况（实际生产中往往如此），则应用加权平均法求其平均麻号。

$$N = \frac{\sum ng}{G}$$

式中：N—— 打成麻平均麻号；

n—— 打成麻各麻号；

g—— 相应各等级干重；

G—— 打成麻干重。

优质亚麻打成麻的主要性状是长度足够、强力较高、柔软度适当、重度较大、细度较细和整齐度较高。这些性状取决于栽培条件和初加工水平。

第三章 打成麻梳理

第一节 概　　述

　　亚麻植物经过初加工,制成可纺纱的工艺纤维,即打成麻,作为纺纱厂的原料。

　　打成麻虽具有一定的纺纱性质,但不论从纤维性质还是从工艺纤维组合状态来看,还都不能满足纺成优良品质细纱的要求。因为经过初加工的纤维属于半脱胶纤维,其粗细不均匀、长短不等,仍含有大量的尘杂和麻屑,纤维与纤维相互连接成网状或纠缠成结。

　　要将打成麻纺成品质优良的细纱,应满足下列要求:第一,纤维的长度、分裂度、强度等指标应该较高,并且均匀度要好;第二,纤维内的不可纺物质(麻屑、草杂、麻皮)等,应尽可能清除干净;第三,纤维应具有一定的回潮率和含油率。

　　显然,打成麻不具备上述条件,因此必须对打成麻进行进一步的加工,将其制成均匀的、带有少许捻度并连续的条子,即亚麻粗纱,以具备纺制优良品质细纱的基本要求。这一系列的加工过程即麻条制造的过程。

　　由打成麻纺制成麻纱的生产过程见图 3-1,其中:

　　1. A 区(梳麻区)

　　在该区,从初加工工厂运来的打成麻,经过梳前准备及栉梳机的梳理,成为有一定的分离度、呈伸直平行排列状态的束状,称为梳成纤维(梳成长麻);其间落下的短纤维无一定形状而且杂乱,并含有大量的尘屑、杂质,叫作机器短麻(梳成短麻)。

　　2. B 区(前纺区)

　　在该区,由栉梳机制得的梳成纤维、机器短麻经过不同的工艺,加工成为粗纱。粗纱为弱捻度、有一定粗细的连续条状产品,也就是前文提到的麻条制成品。

　　粗纱线密度应与其纺制的细纱的线密度对应,应具备足够的强度,其横截面内的纤维数量和细度一致,不可纺杂质应清除干净。

　　由梳成纤维和机器短麻制成的粗纱,分别称为长麻粗纱和短麻粗纱,它们分别由两条不同的工艺路线加工而成,这两条工艺路线分别称为长麻系统和短麻系统。

　　3. C 区 (细纱区)

　　在该区,将粗纱纺成具有一定细度且符合国家质量标准要求的细纱,供捻线、织造等工序使用。根据不同的原料和工艺要求,可分为湿法纺纱和干法纺纱。经湿纺细纱机纺成的细纱,称为湿纺长麻纱和湿纺短麻纱;由干纺细纱机纺成的细纱,称为干纺长麻纱和干纺短麻纱。

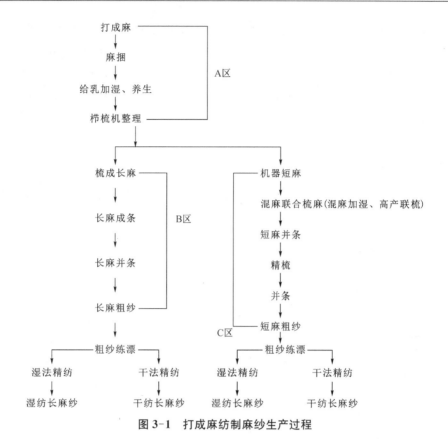

图 3-1 打成麻纺制麻纱生产过程

第二节 打成麻梳前准备

生产中,打成麻梳前准备工作通常包括加湿给乳、养生、分束和初梳等内容。

1. 加湿给乳

(1)加湿给乳的目的。

① 加大纤维的湿度,给纤维表面包覆一层油脂,使纤维达到一定的回潮率并保持,提高纤维的强力、弹性和柔软性,消除前部加工产生的内部应力。

② 增加纤维间的润滑性,降低纤维与纤维之间、纤维与梳针等机件之间的摩擦因数,减少梳理和纺纱中的静电现象。

③ 降低梳理时的断麻,使梳成长麻和细纱品质提高。

(2)加湿剂——乳化液的组成。

① 油剂。可分为矿物油、动物油和植物油等。矿物油的特点是稳定,不易起化学变化,价格低廉,但润滑作用较差。动物油和植物油含有脂肪酸、甘油等,在水中乳化完全,润滑性好,但保存不好易起化学变化,易干燥、发黏。

选择油剂时,主要考虑油剂对麻纤维的作用。油剂的酸值要小,以免侵蚀纤维和机件,应无恶臭味,并利于洗涤,燃点高且不易挥发,密度应接近水,有适当的黏度,供应来源应很充足。

② 乳化剂。常用的乳化剂为表面活性剂,如可溶于水的钠皂等,乳化性很强,但所形成薄膜的坚固性很弱。

也有用其他物质做乳化剂的,如保护胶或乳化稳定剂(如明胶、蛋白质等),能形成坚固性很强的薄膜,保护乳化液不分层;粉末状固体物质(如黏土、石膏等),其被液体润湿后吸附于界面上,形成很坚固的薄膜,保护乳化液不分层;电解质,其作用在于使某种离子吸附在液滴表面而给予电荷,常用于稀的乳化液。

③ 水。在乳化液中,水是不可缺少的物质,它会影响乳化液的调制与质量,如用钠皂做乳化剂,常易生成不溶于水的脂肪酸钙或镁盐,并形成油渣,经常使管道、喷口堵塞,影响加湿给乳工作的正常进行。这时必须将硬水软化后方能使用。如使用耐硬水的乳化剂,则对水的硬度要求降低。

乳化液通常是将乳化剂和水在搅拌器中经充分搅拌而成的,应具备以下性质:油水不分层,有良好的渗透性;所用化工原料应呈中性,无杂质,无沉淀,不挥发;不损伤纤维和机械设备;在漂洗处理时易被除去。

(3) 乳化液的用量计算。计算乳化液的用量时,可应用下面的公式:

$$K = \frac{C_1 - C}{1 + C}$$

式中：K—— 每千克麻纤维需用乳化液的量,kg;

C_1—— 加湿后纤维应达到的回潮率;

C—— 加湿前纤维所具备的回潮率。

例题：某亚麻原料的回潮率为 8%,当其总质量为 100 kg 时,要使其回潮率达到 17%,应加入乳化液多少千克?

解：$K = \frac{17\% - 8\%}{1 + 8\%} = 0.083\ 3(kg)$,所以,100 kg 该亚麻原料应加入的乳化液质量为：$0.083\ 3 \times 100 = 8.33(kg)$

(4) 洒乳化液的方法。容器中的乳化液通过压力泵的作用流经管道,再经喷嘴形成雾状,均匀地喷洒于纤维上,实现给乳加湿。

2. 养生

由于打成麻成捆成束,经过加湿给乳,乳化液在麻束内外不可能均匀分布。为使乳化液分布得更均匀并在纤维中渗透得更充分,必须将加湿给乳后的麻束堆仓放置一定时间,这个过程即养生。影响养生的因素如下：

(1) 室内温度。一般控制在(25 ± 2)℃,若冬季较寒冷,应延长放置时间。

(2) 原麻品质。粗硬麻应延长放置时间。

(3) 加乳化液的均匀程度。乳化液加得均匀,养生时间可以短些,否则需延长养生时间。经过养生的亚麻纤维,其回潮率应达到：冬季(10～次年 4 月)为 15%～16%,夏季(5～9 月)为 17%～20%。养生时间通常为 18～36 h。

3. 分束

在梳理前,由专门的分束工人将成捆的打成麻分成一定质量的麻束,并将不符合质量要求的打成麻挑出来。麻束质量均匀程度不仅会直接影响栉梳机的梳成率，同时也会影响成条机的工作，所以这项工作非常重要。目前，分束在国内均在亚麻纺纱厂的梳麻车间完成，国外则在亚麻初加工厂完成。

麻束质量取决于打成麻的长度、品质及栉梳机上夹麻器的长度，还与成条机的工艺要求有关。如纤维较长、品质较好且夹麻器较长、梳理区较宽，麻束可以重一些。应根据栉梳机的梳成率、梳理质量，并结合成条机的工艺要求，规定适宜的麻束质量，这样可以使梳成麻束离开栉梳机就直接铺放到成条机的喂麻区，而不需要重新分束，可以大大减少成条机喂麻工作的负担并提高工作质量和效率。

第三节 打成麻梳理工艺

一、梳理的目的和实质

1. 梳理的目的

（1）将打成麻分梳成长度较长、强度较高且性质比较均匀的梳成长麻，以及长度较短、品质较差又含有较多尘杂的梳成短麻。

（2）使梳成纤维伸直平行，满足纺制高品质细纱的条件。

（3）将打成麻分劈成较细的纤维，提高纤维的分裂度和均匀度。

（4）清除纤维中的机械杂质，如麻屑、残留表皮等不可纺的麻茎组织和紧密纠缠的短纤维。

（5）改善纤维状态和结构，并按梳成麻的品质及可纺性对梳成长麻和梳成短麻分别评号。

2. 梳理的实质

亚麻打成麻的梳理主要在栉梳机上进行，是借助钢针无数次地作用于其上而实现的。通常有以下两种梳理方式：

（1）机器梳理。机器梳理是指打成麻在栉梳机上的梳理。栉梳机上植有钢针的针栉梳理纤维，梳针沿纤维的横向刺入其中，然后在机械作用下沿着纤维的纵向移动，将纤维分梳开来，并使纤维伸直平行。长度较短、品质较差的纤维被梳下成为短麻，同时麻屑等机械杂质被清除。针栉上梳针的栽植密度和梳针的细度逐渐增加，使梳理工作循序渐进、逐步细致，这是提高长麻率和得到高质量的打成麻所必需的。

（2）手工梳理。其梳理方式是梳针固定，纤维束被人工握持，从梳针中拖过，而得到梳理。这种梳理方法由于人工所限，梳理作用差，一般在预梳理或梳理完成后整理时使用。现代工厂基本不采用手工梳理，而改用重梳。

综上，梳理的实质是纤维受到梳针的分梳作用，实现打成麻的梳理目的。

二、栉梳机的构造及梳理过程

1. 栉梳机的构造与作用

目前，国内外麻纺工业所采用的栉梳机又称自动栉梳机。该机首先由英国生产，之后苏联与其他国家仿造,其机台某些规格仍残留着英制的痕迹。

(1)栉梳机的整体构造。栉梳机由分别梳理麻梢和麻根的右机和左机,以及起连接过渡作用的前、后自动机组成。亚麻栉梳机总貌和工艺过程分别见图3-2和图3-3。

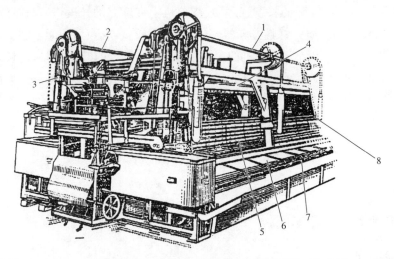

1—右机 2—左机 3—前自动机 4—升降架 5—针帘 6—剥取滚筒 7—斩刀 8—后自动机

图3-2 亚麻栉梳机总貌示意

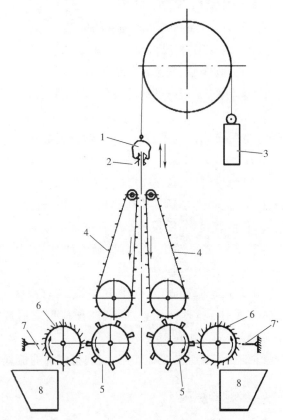

1—升降架 2—夹麻器 3—重锤 4—针帘 5—毛刷辊 6—剥麻滚筒 7—斩刀 8—短麻箱

图3-3 亚麻栉梳机工艺过程示意

图 3-2 中,升降架 1 由两根贯穿全机的角铁梁组成,夹紧麻束的夹麻器 2 则可以沿升降架进行水平移动。升降架的两根横梁被弧形架从上面连接,上端用皮带悬挂于滑轮上。

升降架由提升机构提升,下落则借助自重,沿导轨垂直滑下。悬挂在滑轮另一边的重锤 3 起着平衡升降架的作用,保证升降起落平稳。升降架略重于重锤的质量。升降架的起落行程为 400～700 mm,由打成麻的长度决定。起落频率为 8～11 次/min。

夹麻器的结构如图 3-4 所示,由钢板 1 和 2 构成,橡皮垫 3 由铜铆钉铆在钢板 1 和 2 上。下钢板上固着一根螺杆 4 和两个引导销 6。上钢板上开有对应螺杆 4 和引导销 6 的孔,以及与螺杆 4 配套的螺帽 5。引导销 6 用以保证上、下钢板的相对位置正确。夹麻器上安有引导掣子 7,它使夹麻器悬挂于升降架内。当升降架在上部位置时,夹麻器借助沿升降架传递夹麻器的机构,按一定周期沿升降架移动。

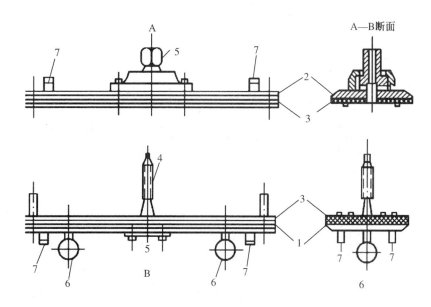

图 3-4　夹麻器结构示意

针帘按图 3-3 中所示箭头方向转动时,位于其间的打成麻束得到梳理,针板上的植针密度沿夹麻器的前进方向逐渐加大,而针的直径逐渐减小,使麻束得到循序渐进的梳理。

针帘结构如图 3-5 所示。钢板 1 由螺钉 2 紧固于联结板 3 上。联结板 3 紧固在钢条 4 上。钢条 4 由钢扣 5 紧固在循环皮带 6 上。

毛刷辊 5(见图 3-3)上安装有七把毛刷,其作用是剥取针帘梳针上的短麻。

剥麻滚筒 6(见图 3-3)由针布包覆,它在缓慢回转时将毛刷辊 5 上的短麻剥取下来。针布是皮带式帆布基底,上面植有弯脚钢针。

斩刀 7(见图 3-3)是一把刃面呈锯齿状的钢刀片。斩刀做往复式摆动,将剥麻滚筒 6 上的短麻击下,并将其投落于短麻箱 8 内。

(2) 前、后自动机。图 3-6 所示为亚麻栉梳机俯视图方向呈现的前、后自动机结构。

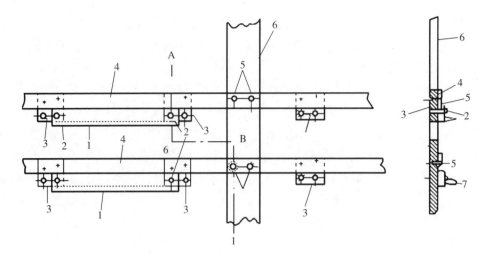

图 3-5　针帘结构示意

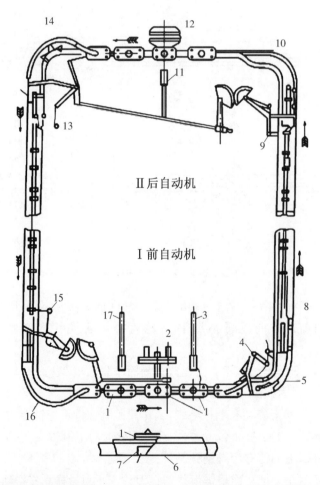

1—夹持器　2—启闭夹麻器　3,17—扳手　4—推进杠杆　5—轨道（前左）　6—升尺
7—撑头　8—第一道针栉　9—引出杠杆　10—轨道（后左）　11—套筒扳手
12—倒麻装置　13—推进杠杆　14—轨道（后撑右）　15—杠杆　16—轨道（前右）

图 3-6　亚麻栉梳机的前后自动机结构示意

前、后自动机的结构与作用：

在杠杆 15 和撑头 7 的引出作用下，夹麻器由左机输出并沿轨道翻至水平状态，被推至扳手 17 的下面，将夹麻器紧固螺帽拧松，梳理工将梳理完毕的麻束从夹麻器上取下。

在升尺 6 的作用下，麻束被推至启闭机构处，夹麻器上部钢板被提起，梳理工将待梳理的麻束放在夹麻器上。闭合夹麻器，推至右部，拧动扳手 3 的下方，拧紧夹麻器螺帽。夹紧麻束的夹麻器沿轨道翻下，在推进杠杆 4 的作用下，进入正处于下部位置的右机升降架内。

后自动机的结构与作用：夹麻器被引出杠杆 9 从右机引出，沿轨道 10 上翻至水平状态，然后由升尺推送至套筒扳手 11 的下方。套筒扳手将夹麻器螺帽拧松，倒麻装置 12 抽出被夹持的麻束，已经梳完的部分则被抽入夹麻器内，套筒扳手又将夹麻器螺帽拧紧。夹麻器沿轨道翻至垂直状态，在推进杠杆 13 的作用下，推送至左升降架内。

2. 栉梳机的梳理过程

梳麻工站在机台前面的宽凳子上，其右面靠近喂麻台。运麻工将打成麻成束地放置于喂麻台上。当前自动机的启闭机构将夹麻器开启时，梳麻工将两束打成麻仔细地分铺于夹麻器的下钢板上螺杆的两旁，然后在闭合机构作用下将夹麻器的上钢板盖合，拧动扳手拧紧夹麻器螺帽。夹麻器被推入升降架，由引导掣子悬挂在升降架内。当升降架在上部位置时，夹麻器周期性地沿针帘方向移动。升降架升降时，夹麻器内的纤维得到针帘上梳针的梳理。右机梳理工作结束后，后自动机将夹麻器中已梳理和未梳理纤维通过倒麻装置倒置，将夹麻器推入左机，使纤维在右机上未得到梳理的一端得到梳理。左机梳理工作结束后，夹麻器被传送至前自动机，开启机构打开夹麻器，梳麻工从中抽出麻束，放到台上的梳麻捆内。

有时，分号工与梳麻工一同操作，当后者从夹麻器中抽出梳成麻时，前者凭借感官鉴定其质量，并按麻号分别放置。

三、 梳成麻的再梳理

从栉梳机上获得的梳成麻，一般要在针板上用手工进行补充梳理，称为整梳。其目的如下：

（1）更加细致、准确地对梳成麻进行分级。由于供应栉梳机的打成麻分级不够准确，梳成麻亦不能达到同一质量标准。整梳时，整梳工用右手沿针板抽出麻束，左手抚平纤维，这样就能比较准确地鉴定纤维的质量。

（2）使麻束更好地伸直平行。在机上梳理、转移或运送梳成麻时，麻束端部可能被弄乱，有时也可能因机器调整不良而弄乱，因此，必须使其伸直平行，便于下道工序使用。

整梳时能产生 4%～10% 的短麻。由于人力所限，整梳的梳理作用差，一般工厂已不采用此方法。对于梳成长麻和机器短麻，根据其工艺要求，也采用二次栉梳机进行重梳，达到纺纱工艺的要求，以利于后道工序的顺利完成。重梳的目的是提高纤维纺纱性能，纺成较低线密度（高支数）的纱。重梳制成率为 70%～90%。再梳理后的纤维号数并不提高。

四、 影响栉梳机工艺效果的主要因素

栉梳机的工艺效果,直接影响成纱质量,应给予高度的重视。栉梳机工艺效果主要从长纤维和短麻的质量、长纤维的梳成率和机器的生产率等方面评价。在保证长纤维和短麻质量及保持一定机器生产率的条件下,主要目标应着眼于提高长纤维梳成率上。

纤维利用系数是综合考虑了长纤维梳成率和梳成材料质量的一个指标,定义为梳成材料的平均分级号数和梳理前该批打成麻名义号数的比值,计算方法示例如表 3-1 所示。

表 3-1 打成麻 12 号的计算方法示例

梳成麻			短麻			废麻
线密度(tex)	质量(kg)	千克号数	线密度(tex)	质量(kg)	千克号数	质量(kg)
16	6	96	8	43	344	5
18	30	540	10	10	100	—
20	6	120	—	—	—	—
18	42	756	8.4	53	444	5

$$梳成麻平均分级号数 = \frac{梳成麻千克号数}{梳成麻质量} = \frac{756}{42} = 18$$

$$短麻平均分级号数 = \frac{短麻千克号数}{短麻质量} = \frac{444}{53} = 8.4$$

$$梳成产品平均分级号数 = \frac{梳成麻和短麻千克号数之和}{该批打成麻总质量} = \frac{756 + 444}{100} = 12$$

纤维利用系数 = 12/12 = 1

实际生产中,称这样的加工结果为等值加工。如在机台状态良好、原材料及生产成品分类正确的条件下,纤维利用系数的值一般在 100~108。

综上所述,纤维利用系数是标志长纤维梳成率和梳成材料质量的综合指标。在保持机器生产正常的情况下,由这个系数来鉴定栉梳机工作效率,基本可靠。但由于凭借分类工的直观感觉,即使水平再高的分类工,也避免不了产生误差,所以此系数有时欠准确。鉴于上述原因,实际生产中往往兼顾产量、质量,将梳成率作为主要指标进行衡量。

影响栉梳机工艺效果的主要因素如下:

1. 机器结构

(1)针帘道数。为使打成麻在栉梳机上得到合理的梳理,降低纤维损伤率,提高梳成率,栉梳机上安装了多道针帘,并且各道针帘分别采用不同的针号和针密,使麻束在沿升降架前进过程中受到的梳理作用逐渐增强。因而,针帘道数是影响梳理效果的重要因素之一。针帘道数越多,纤维得以逐步梳理的原则贯彻得越好,梳成率和成品质量就越高。例如,采用 17 道针帘栉梳机时,头道针帘针密为 0.5 根/(25 mm),末道针帘针密为 42根/(25 mm),它的梳成率为 54.5%,而采用 22 道针帘的栉梳机时,头道针帘针密为 0.125

根/(25 mm),末道针帘针密为 42 根/(25 mm),它的梳成率为 59.5%。然而,如果针帘道数过多,机器的占地面积和动力的消耗均增加,产品成本提高。所以,建议在保证产品质量的前提下,针帘道数不宜过多,通常用 12～20 道,而国内以 18 道为最多。

每道针帘由于所处位置和针密不同,其在梳理过程中的作用也是不同的。最初几道针帘的作用主要是从长纤维中分离出短而且混乱的纤维和在初加工过程中受到损伤的纤维,并使纤维伸直平行,相互分离,减少纠缠,为以后各道细致而剧烈的梳理做好准备。后面各道针帘的针密提高,纤维间更进一步地相互分离、伸直平行,使纤维的可纺性得以大幅改善。前几道针帘为落麻高峰区,后面各道也产生部分落麻,但数量较少,而且由于后面的落麻是经过前部梳理后在分劈长纤维的过程中产生的,所以其品质较好。

(2)植针方法。根据栉梳机梳理作用逐步增强、循序渐进的原则,梳针直径应由粗到细,植针密度由疏到密。针板上的植针密度,应根据纺纱的线密度和原料品质及栉梳机的针帘道数,在设计机器时进行选择,经验公式如下:

$$a_n = a_1 r^{n-1}$$

式中:a_n——第 n 道针密,根/(10 mm);

　　　r——比例常数;

　　　a_1——第一道针密,根/(10 mm);

　　　n——针帘道数。

根据生产中掌握的经验,采用 20 道针帘时,第一道针密为 0.05 根/(10 mm);采用 16 道针帘时,第一道针密为 0.2 根/(10 mm)。末道针密可由以下公式获得:

$$a_{\text{末}} = 4.5 \times \text{细纱平均支数(英制)}^{1/2}$$

表 3-2 所示是我国自行研制的 16 道针帘栉梳机的针板规格。要提醒注意的是,针板上的梳针,除了针号和针密对梳理效果影响极大外,植针方法也是一个极重要的因素。每道针帘针板上,针的植针方法应保证最合理、渐进地梳理纤维,而且最合理、最充分地利用梳针,特别是头几道针帘针板上的植针方法最为重要。

表 3-2　针板植针规格

梳理区号	针板名称	针密[根/(10 mm)]	针径(mm)	针号	备注
2	U 形针板	4	3.00	11	
3	针板	2	3.50	10	
4	针板	3	3.00	11	
5	针板	4	2.80	12	
6	针板	6	2.50	13	第一梳理区不带针板
7	针板	8	2.50	13	
8	针板	12	2.20	14	
9	针板	16	1.80	15	

（续表）

梳理区号	针板名称	针密[根/(10 mm)]	针径(mm)	针号	备注
10	针板	24	1.80	15	
11	针板	32	1.70	16	
12	针板	40	1.50	17	
13	针板	48	1.30	18	第一梳理区
14	针板	56	1.10	1	不带针板
15	针板	64	0.90	20	
16	针板	72	0.80	21	
17	针板	88	0.65	23	

在现代栉梳机上采用不等距植针法,通常在栉梳机的头道至第八道针帘上采用,即在同一块针板上相邻两梳针之间的针距不相等,如图3-7所示。

随着针密的逐渐加大,不等距植针的优点逐渐减少,而且制造难度加大,所以在针密达到6根/(25 mm)以上时便采用等距植针法。

（3）针帘传动装置结构。栉梳机的梳理速度也是影响梳成率和梳成麻质量的重要因素。梳理速度($V_{梳}$)是针帘的线速度($V_{帘}$)和升降架速度($V_{架}$)的代数和:

$$V_{梳} = V_{帘} \pm V_{架}$$

式中:升降架下降时用"－"号,上升时用"＋"号。

人们知道,梳理速度越高,分梳纤维的梳针数越多。增加针帘的线速度,可以使梳理速度提高。从上式也可以看出,升降架速度的大小和方向改变,对梳理速度的大小起着决定性的作用。

当升降架下降时,梳理过程从麻束的端部开始,此时麻纤维所受的张力和损伤较小,应该增大梳理速度,以保证完全梳理;而当升降架上升或停止时,梳理过程从麻束的中部开始,此时纤维所受的作用相当剧烈,所以应降低梳理速度,以保证梳成产品质量。

从公式 $V_{梳} = V_{帘} \pm V_{架}$ 可以得出:即使不考虑升降架速度的数值变化,仅升降架运动方向改变,

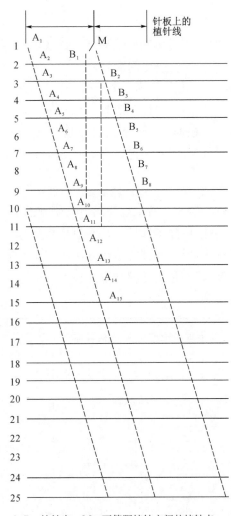

A,B—植针点　M—不等距植针之间的植针点

图3-7　针板上不等距植针示意

就使得升降架下降时的$V_{梳}$比升降架停止或上升时小。为克服这一缺点,在现代栌梳机传动上采用了差动机构,图3-8所示是装有差动机构的栌梳机针帘传动装置结构。差动机构使升降架运动方向改变时也改变针帘的线速度,即当升降架下降时,$V_{帘}$增大,升降架上升时,$V_{帘}$减小,从而使$V_{梳}$保持较稳定的数值,梳理过程处于相对稳定的状态。

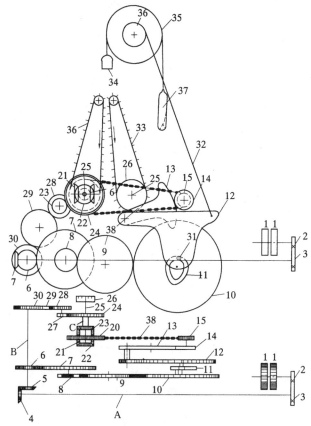

A—传动长辘　B—长轴套　C—差微机构轴套　1—双皮带盘
2~10,14,24,25,26—锥形齿轮　8—升降变换齿轮　11—凸轮盘
12—大扇形板　13—扇形齿轮　15—链轮　16~19—差微机构锥形齿轮
20—差微机构链轮　21—针帘轴　22—轮盘　23—针帘转动变换齿轮
27—转子　28—链　29,32—针帘　30—升降架　31—轮　33—重锤　34—链条

图3-8　针帘传动装置结构示意

差动机构由齿轮16~19组成。齿轮19由主轴通过一系列的齿轮传动,齿轮16则由随升降架改变方向的扇形齿轮13传动。

针帘由针帘轴21通过固装于其上的轮盘22传动。轮盘圆周安装有11个角钉,用以插入针帘皮带的孔眼,从而推动针帘。转盘转动一周,则针板转动11块,故针帘的转速$n_{帘}$:

$$n_{帘}=(n_{18}\times11)/24$$

式中:24——针帘上的针板数,即针帘皮带的孔眼数;

n_{18}——齿轮18的转速。

在目前的生产中,升降架的每分钟升降次数为10~14。图3-9所示为装有差动机构的栉梳机上升降架、针帘和梳理速度关系,显然,装有差动装置时梳理稳定得多。由于升降架在一个完全周期内下降、停止和上升时间的分配相对稳定(一般情况下各占全周期的52%、21%、27%),所以升降架速度取决于其每分钟升降次数,而这个次数与栉梳机有直接关系。因此,要从增加升降架的每分钟升降次数来提高机器的生产率,改善梳理效果主要从针帘的运动速度着手。

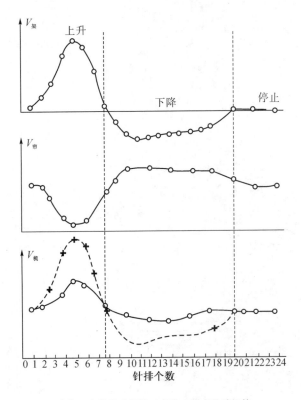

虚线—未装差动机构　实线—装有差动机构

图 3-9　栉梳机的升降架速度、针帘速度和梳理速度关系

2. 机器工作条件

(1) 麻束质量。喂入夹麻器的麻束质量较大,单位时间内机器梳理量增加,产量可以提高。但麻束质量过大时,纤维势必在极紧密的情况下被梳理,长纤维大量被拉断,降低梳成率,并产生大量的短麻,使长短麻的品质都下降。喂入的麻束质量减少,由于通过单位质量的梳针数增加,除梳成率提高外,产品品质也得到提高,这一结论已被试验证实。但麻束质量过低时,机器生产率会显著下降,同时,麻束很难被均匀正确地铺放于夹麻器中,纤维束得不到均匀梳理,导致梳成率降低。

如果打成麻质量较稳定,麻束质量可随纤维品质增高而增加。但当打成麻的长度一定时,原料品质越高,麻束应越轻。因为麻纤维品质较高时,长纤维的梳成率增加,前面几道稀针板分离出来的短纤维较少,后面的密针板梳理时,夹麻器中剩余纤维较多,若不减少麻束质量,会降低梳成率。

实际生产中,根据麻纤维的品质,麻束质量取 125~195 g。

（2）麻束安放方法和倒置条件。由打成麻的结构特点所决定，麻束在夹麻器中的安放方法对梳成率有很大影响。麻束质量变化由图 3-10 可以看出：麻束距根部 1/3 处最重，截面最粗。为了在梳理根部和梢部时都能从较粗截面梳向较细截面，避免纤维损伤，从而提高梳成率，最好将麻束夹持于最重处，即将麻束根部露出夹麻器 1/3 左右。有试验证明，麻根露出夹麻器的长度占总长度的 35%～41% 时，梳成率最高。

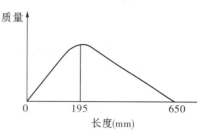

图 3-10　麻束质量分布

在栉梳机上，梳理纤维两端的时间大约比梳理靠近夹麻器边缘的纤维的时间多四倍，这是因为靠近夹麻器边缘的纤维只有在升降架停止期间才能梳到，麻束最重、密度最大的部分受到的梳理最少，所以倒置条件应保证这一部分得到二次梳理。重复梳理区的范围取决于倒麻器拉出纤维的长度，其应按纤维品质调整，一般取 30～50 mm。

如图 3-11 所示，倒麻器拉出长度可按下式计算：

$$d = a + 2b + c$$

式中：d—— 倒麻器拉出长度；

　　a—— 夹麻器宽度；

　　b—— 从夹麻器边缘到梳针插入线距离；

　　c—— 二次梳理长度。

（3）针帘隔距（δ）。针帘隔距是影响

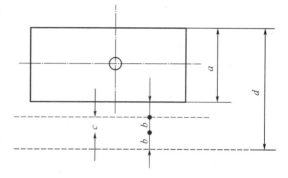

图 3-11　麻束之抽取长度

梳成率和质量的重要因素之一，它是指左、右针帘顶部针尖之间的距离，其值应根据打成麻品质和成品要求确定。当纤维品质很差或成品品质要求低时，针帘隔距应大些，以免梳成率下降过多；相反，纤维品质好、成品要求高时，针帘隔距应小些。整个机台的针帘隔距要随着道数依次减小，逐渐由正隔距趋向负隔距，以保证纤维逐步梳理。针帘隔距如图3-12 所示。

　　δ<0(正隔距)　　　　　　δ=0(零隔距)　　　　　　δ<0(负隔距)

图 3-12　针帘隔距示意

3. 工艺条件

纤维回潮率和车间内空气相对湿度也是影响梳理效果的主要因素。

纤维回潮率升高并保持恒定,可使纤维可挠度、强力、弹性都得到改善。纤维回潮率减小,纤维与纤维间、纤维与梳针间由于摩擦而产生静电,带电纤维会松散竖起,破坏梳成麻中纤维间的平行程度,所以要使纤维具有并保持一定的回潮率,通常控制在 $14\%\sim18\%$。目前,打成麻的给乳加湿加工是最可行的办法之一。

五、 栉梳机的生产率

长麻和短麻都是栉梳机的产品,因此它的生产率应按喂入打成麻质量计算。

$$Q = (2pn \times 60k)/1\,000 = 0.12\,pnk$$

式中:Q—— 栉梳机每小时产量,kg;

p—— 每束麻的质量,kg;

n—— 升降架每分钟上升次数;

k—— 有效时间系数($95\%\sim97\%$)。

在目前的生产中,栉梳机每小时产量为 $90\sim120$ kg,这是由打成麻品质和对梳成麻的要求决定的。一般梳理后可得梳成长麻 $30\%\sim65\%$,短麻 $65\%\sim30\%$,尘屑等 $3\%\sim18\%$。

第四章 配麻与混麻

第一节 配麻的目的和意义

合理搭配使用亚麻原料的加工称为配麻。亚麻纺纱生产一般不采用单一批次的亚麻原料,而是把几种不同品质性状的亚麻原料搭配使用。

如果采用单一的(一种产地或麻号)亚麻原料进行纺纱,当一批原料用完以后,需调换另一批原料。如果原料的变换幅度大,接替次数频繁,而且不同麻号、不同产地之间及同一产地的不同批号之间原料的物理指标有差异,会造成生产与质量波动。另外,不同用途纱线及不同用户对产品的要求也不统一。因此,采用配麻技术,即选择不同品质和性状的亚麻纤维或其他纺织纤维,设计不同纯亚麻纱或亚麻混纺纱的成分,达到稳定生产的效果,同时提高质量,降低成本。因此,掌握配麻技术是亚麻纺纱厂工程技术人员的重要任务。

一、保持生产和成纱品质稳定

保持原料品质稳定是保持生产稳定的重要条件。如果采用单一品种或麻号的原料纺纱,短时间内就会用完,接着必须调换另一批原料。因为每批原料的物理性能有差异,如果原料全部调换,势必造成生产和成纱品质的波动。配麻就是按照纱线的品质要求,依据原料特点进行搭配,经多批亚麻原料混合,可维持较长的生产时间,使原料品质稳定,从而保持生产及成纱品质相对稳定。

二、合理使用亚麻原料

纱线的粗细和用途不同,其品质要求也不相同,因此不同品种需采用不同的配料。另外,亚麻原料厂的库存有限,各种亚麻原料的进厂数量有多有少,麻号有高有低,单一的高号麻或低号麻并不能适应所纺产品的要求,需要充分发挥各种原料的特性。如同号的亚麻原料,有的强度较高,有的分裂度较高,如果按一定比例搭配使用,可弥补各自的不足,使纱线的强度提高,纱线截面内的纤维根数增加,从而减少纤维间因拉伸而产生的滑脱,这样会达到提高产量、品质,降低成本的效果。因此,采用多种多批亚麻原料按适当的比例混合纺纱,可以充分利用各种原料的优良性能,以满足不同纱线的品质要求。

三、节约原料和降低成本

鉴于各批原料的品质不同,高号麻品质并不是都好,低号麻品质也不是都差。在纺一般纱支时,适当搭配一些分裂度较高的低号麻,对成纱品质并不影响,若搭配合理,成纱品质会提高。另外,采用配麻技术,可将纺纱过程中无污染的落麻回麻及亚麻原料初加工的下脚料(如亚麻一粗、亚麻二粗)充分利用起来,既可节约原料,又可降低成本。

第二节　纺织纤维性能与选配

一、纤维性能指标与纺纱的关系

纺织纤维性能指标主要有强度、线密度、长度、色泽、含杂率和回潮率等,亚麻打成麻纤维还有重度、可挠度、油性、成条性等指标,与亚麻纤维混纺的化学纤维还有卷曲性、摩擦与抗静电性、含油率及超长、倍长纤维等指标。

(一)纤维的强度

具备一定的强度是纤维具有纺纱性能的必要条件之一。在其他条件不变的情况下,纤维的强度愈高,成纱的强度愈高,反之纤维强度愈低.成纱的强度也愈低。

亚麻打成麻纤维强度大,接受机械张力的能力强,可获得较高的梳成麻出麻率。亚麻纤维的强度与亚麻的生产条件和脱胶工艺有直接的关系。如果脱胶过度,则纤维之间的连接减弱,打成麻强度低,表面多起毛茸。如果脱胶不足,纤维强度虽高,但纤维很粗糙,可挠度等其他纺纱性能很差,而且纤维中存在与纤维紧紧粘连的死麻屑等有害疵点,使总的纺纱能力下降。亚麻工艺纤维的强力一般为 256 N 左右。

(二)纤维的长度及整齐度

纤维的长度与纱线的品质密切相关。在其他条件不变的情况下,纤维愈长,成纱的品质愈好,纱线强度也相应提高。亚麻打成麻纤维愈长,整齐度愈高,纤维的其他品质(如线密度、强度)也较高。纤维整齐度差,含纤维量愈多,在纺纱牵伸过程中,条干恶化,所制产品的品质也愈差。打成麻纤维的长度取决于亚麻的初步加工和栽培等情况。亚麻工艺纤维长度一般为 300~750 mm,国产打成麻纤维长度一般为 300~500 mm。

(三)纤维的线密度

纤维的线密度也是与纺纱密切相关的重要指标。在其他条件不变的情况下,纤维愈细,纱线截面内纤维根数愈多,纤维间接触面积愈大,滑脱的机会愈少,可使纺纱强力提高。亚麻纤维的分裂度表示梳理过程中纤维纵向由粗纤维束分裂成细纤维束的能力。亚麻分裂度取决于亚麻纤维的初步加工及收获期的情况。分裂度愈高,纤维愈细,纺制细纱的线密度也愈低。亚麻工艺纤维分裂度为 5~10 tex(200~100 公支)。

(四)纤维的色泽

纤维的色泽差异对批量生产的纱线和染整后道工序织物色差的控制有很大的影响。纤维的色泽差异与纤维的生长条件、收获情况或加工条件有关。亚麻纤维的色泽是一项决定纤维未来用途的重要指标,例如亚麻原色纱就是利用天然色泽的亚麻纤维纺制的纱线。亚麻纤维的色泽与脱胶程度及方法、纤维强度、可挠度有关。根据颜色可判别亚麻纤维的品质。一般奶白色、淡黄色、银灰色为优质纤维,暗黑色、火褐色、暗褐色的纤维品质较差。灰暗无光泽的纤维比有光泽的纤维强力低得多。国产打成麻纤维一股为浅灰色、烟草色、深灰色、杂色等。

（五）纤维的含杂率

纤维中存在许多杂质及疵点,甚至含有有害疵点,如化纤中的并丝束、未牵伸丝等及麻纤维中的死麻屑等。含杂多,细纱的外观疵点多,断头率高,并且会影响织物的布面品质。亚麻的初加工不良最容易导致含杂率增加。打成麻纤维中存在严重的可降低纺纱性能的有害疵点,使打成麻号降低。打成麻的含杂率一般控制在10％以下。

（六）纤维的回潮率

纤维的回潮率是表示纤维吸湿能力的指标。各种纤维因其内部结构不同,回潮率也各不相同。亚麻打成麻纤维的修正强力的回潮率为10％,折算质量的公定回潮率为12％。

（七）纤维的可挠度

纤维的可挠度表示纤维的柔韧程度。亚麻纤维的可挠度也是一项与纺纱有关的重要指标,它与亚麻的生长、初加工、单纤维性质、回潮率等有着密切的关系。纤维愈粗,木质素含量愈高,脱胶不足,则可挠度低。可挠度大的纤维能经受多次弯曲和加捻,能纺出高支、高强度的细纱。亚麻的可挠度一般为50～80 mm。

（八）重度

重度是指亚麻打成麻的密度。同样体积的麻束,手感重度大的亚麻工艺纤维中含有的纤维数量多,结构紧密,强度高。这样的麻束即使体积不大,也有较大的质量,因此纤维重度是纤维品质良好的标志。但是,由于纤维的回潮率过大所产生的重度偏大,不能表示其可纺性能。

（九）成条性

成条性是指亚麻束中纤维排列程度及可分离性,是亚麻打成麻纤维的重要特性,它也取决于亚麻的生产和初加工中是否正确进行脱胶、碎茎和打麻等。麻茎内的麻纤维束被分解和压扁,外观呈扁平带状,截面呈多角形,形成明显的条子。成条性好的纤维可在栉梳机上加工时获得品质较好的梳成亚麻和短麻。

（十）油性

天然纤维都有不同程度的油性。亚麻纤维的油性是指亚麻纤维表面的润滑程度。通常,含油质多的纤维柔软而有光泽,手感良好,可纺性高。在生产中,油质含量可用手感判别。方法是手握一定体积的打成麻束,用力握紧,然后放开手,纤维束上的手握痕迹明显,则纤维油性较大,反之油性较小。

二、 原料选配与产品的关系

亚麻纱线品种很多,用途很广。纯亚麻纱有半漂纱、原色纱,混纺纱有涤/麻纱、腈/麻纱、丝/麻纱、毛/麻纱及大豆纤维/亚麻纱等。根据织物风格不同,有单纱和股线。根据织物用途不同,有精梳纱和普梳纱,以及用于织造的经纱、纬纱和用于针织行业的亚麻针织纱等。需要根据纱线的不同用途进行配麻。

（一）纺纱线密度

低特（高支）纱线截面中的纤维根数少、根数分布不均匀，而且对纱线的强力、条干和外观疵点的要求较高。纤维间接触面积少，拉伸时滑脱纤维根数较多。为了使低特（高支）纱的单纱强度不会很低，选择原料时宜用麻号高、强力大、分裂度好、疵点少的梳成长麻和梳成短麻，反之，中、低支纱要求可适当低一些。

（二）单纱和股线

由细纱机直接纺制出来的纱称为单纱，由两根或两根以上单纱合捻成的线称为股线。股线的捻向与单纱相反。单纱经合股后，股线中的纤维轴向捻角小，纤维强力利用率大，因此股线的强度比单纱高，而且在合并过程中，单纱的外观疵点能够覆盖或消除一部分。另外，股线的条干也得到改善。因此，用于股线的单纱对亚麻纤维的强力、疵点等的要求可比单纱略低一些。

单纱不用于股线而单独使用时，对纱的条干、强力和外观疵点的要求比股线高，因此对原料的要求也比股线高。

（三）经纱和纬纱

经纱是织造布幅长度方向的用纱，纬纱是织造布幅宽度方向的用纱。

经纱在织造过程中要经过络筒、整经、浆纱、穿筘、织造等工序，承受的拉伸力大，受到的摩擦次数多，但在准备和织造过程中，去除纱上杂质的机会也多。因此，经纱配麻时要求纤维的强度高，对含杂和色泽的要求较低。纬纱的配料与经纱相反。纬纱不上浆而直接上机，使用过程中除杂的机会少，同时为了减少织造过程中往复投梭造成的结辫及织物纬斜而采用较小的捻度，纱线所受张力和摩擦力小，因此纬纱配料时要求纤维的强度较低，含杂要少。

（四）精梳纱和普梳纱

梳成长麻经过栉梳机梳理，纤维中的过短纤维和疵点被去除，粗纤维被栉梳机的梳针分劈得更细，这有利于提高细纱品质。

梳成短麻经过精梳机梳理，纤维中的短麻绒和杂质可清除，可纺41.67 tex以下（24 公支以上）的短麻高支纱。因此，精梳短麻纱在原料选配过程中可选择长度长、整齐度好、强度高的纤维。由于精梳机能够去除杂质和短绒，可适当选配一部分长度长、强度高但含短麻绒、疵点高的原料。普梳纱是指不经过精梳工序除杂的纺纱产品，由于产品的档次、纱支较低，纱线条干及外观疵点要求低，因此普梳纱的配麻要求比精梳纱低。

（五）原色纱和漂白纱

原色纱是利用亚麻经过初加工、脱胶后自身的天然颜色（如雨露麻为银灰色），采用煮练工艺纺制而成的。原色纱的颜色与投入的亚麻原料颜色基本相同，其织物有粗犷的特点。因此，原色纱的配麻要求原料色泽一致，避免纱线出现色差、条花、斑点等。原色纱仅经过煮练和脱胶，粗纱的漂练损失率较高，一般为 12%～15%，故纺原色纱的原料应选用分裂度较高的纤维，以减少损失率。

漂白纱是利用亚氯酸钠、双氧水等化工原料，将亚麻粗纱经过漂练、脱胶工艺而制成的。经漂练工艺处理的粗纱为乳白色、白色等，损失率为 10%左右。漂练工艺易脱胶除杂，纤维的分裂度较好。在漂白纱配麻过程中,应考虑原料的色泽及亚麻纤维的化学成分等。例如纤维中木质素含量高,梳成麻纤维测试强度虽高,但经漂练脱胶后,木质素被大量清除,成纱强力并不高。

（六）混纺纱

混纺纱的原料应根据所纺纱的品种、用途、混纺比并结合纺纱工艺进行选配,选用的亚麻纤维应尽可能与其混纺纤维适应。与亚麻纤维混纺的其他纤维,其主要指标也应与亚麻纤维接近,化学性能要适应亚麻湿法纺纱的工艺要求。混纺纱的混纺比要根据用户的要求或产品的用途及原料的性能考虑。例如亚麻纤维含量高可弥补腈纶、棉纤维、黏胶纤维等强度低的缺点,反之,化学纤维的良好弹性和抗皱性及染色鲜艳性可改善亚麻织物的易皱、染色差等。

（七）针织用纱

针织用纱较特殊,要求纱线条干好、外观光洁、麻粒子少、强度高、柔软而富有弹性。纱线的捻度小,可防止织物产生纬斜。因为针织机采用单根或几根纱编织成织物,纱线的断头率会影响针织物的布面品质,因此,亚麻的针织用纱配料时要选择可挠度大、长度长、整齐度好、分裂度高和含杂率低的亚麻纤维,混纺针织纱的要求可参照纯亚麻纱。

第三节　配麻技术

一、配麻的原则

瞻前顾后、细水长流、合理搭配,是纺织行业在长期的原料选配工作中总结出来的原则。

瞻前顾后,就是既要考虑库存原料在生产中的配料,还要考虑新原料到来后的预测性配料,要有计划地用料,不能只看眼前,不顾后面。

细水长流,一是对工厂库存的好料在满足生产品种的情况下有计划地使用,二是对每批次配麻力求采用多批号原料,尽量延长使用时间。

合理搭配,就是要防止两种偏向,既不搞过头质量,也不搞片面节约。

二、配麻的方法

目前工厂普遍采用分类排队、逐批抽调的配麻方法。根据原料的性能合理使用,有计划地交叉接替,对于稳定生产、提高产品品质、合理使用原料,能起到保证作用。

分类就是根据亚麻原料的性质和纱线的品种将原料划分为若干类别。

排队就是将同一类中的原料按不同的情况(如地区),把性质接近的批号排在一个队内(可排若干队数),以便接批使用。

（一）原料的分类

原料的分类就是原料的选择。做好此项工作的先决条件是熟练地掌握原料性状及成品品质对原料的要求。

1. 不同品种不同要求

要根据不同品种的用途、纱线的线密度、品质要求等选配原料。什么品种配什么原料，要物尽其用，掌握各种纤维的性质，灵活运用。

2. 掌握到麻趋势

为了使混合麻的品质在一定时期内保持稳定，要力求混合料中的麻号尽量少变动，使混合料中的纤维品质尽量前后一致。因此，在原料分类时要掌握好到麻趋势。例如某一产地的原料库存虽少但到麻趋势好，可多用些；反之，有些产地原料库存虽多但到麻趋势较差，则少用为宜。要尽可能使混合料的性能保持长期稳定。

3. 气候条件

由于气候条件影响，一般开春属多风季节，车间内外较干燥，纺纱生产容易波动，应多预留些品质好的原料在此时用。

4. 原用配麻成分与接替配麻成分稳定

混合麻的品质要力求稳定，不仅一个时期的品质稳定，而且要保证上一期和下一期的品质稳定，以及接替过程中品质稳定。这就需要上下期接替时采用逐渐过渡的办法，使原料的地区和性质基本接近，即在上一期的后半期开始逐渐改变成分，使下一期能平稳接替，切忌采用突变的方式。如在正常的混麻成分中有时必须混入一部分色泽差异较大的原料，开始宜少量混用，以后再逐渐增加，以保证成纱色泽一致。

5. 混合麻中纤维性质差异

在一种纱支的混合麻中，各纤维成分的性能差异一般不宜过大，否则会使纺纱工艺难以掌握。因此，在原料分类中还要考虑不同的工艺处理。

（二）原料的排队

在原料分类的基础上，把同一类原料排成几队，如按地区、性质相近的排成一个队次，以便原料用完后，将同一个队次的另一个批号的原料接替上去，使混合料的性质无显著变化，达到成纱品质和生产都稳定的目的。

1. 掌握原料的使用价值

在排队之前，要掌握好原料的物理性能，充分了解各批原料与成品之间的关系，这样才能使排队工作达到预期效果。由于目前通过物理试验不能全面地了解原料的性能，因此不能根据表面现象来判断原料的使用价值。

2. 主体原料的掌握

为了使纺纱生产和纱线品质稳定，配麻时应有意识地安排主体成分。主体成分一般以某一麻号或某一产地为主体，也有以纤维强力或分裂度为主体的。主体成分应占50%以上，附加原料的比例应低于主体原料比例，这样可使原料的各种性能指标比较集中，离散系数低，避免性能特别好或特别差的原料混用过多而造成成纱品质波动。如果不能以某种性能相接近的原料为主体，可以采用某项性能较接近的某几批原料为主体。但要注意不能出现双主体，如以强力为主体，就不能再以其他指标为主体。亚麻纺纱通常以纤维强力为主体。

3. 排队数和混用百分比

排队数与混用百分比有直接的关系。配麻表上队数多时,混用百分比可减小,队数少时则混用百分比可加大。队数多时,对车间原料管理工作要求高,而且要有一定的条件,例如需要储麻箱多,要分开装不同品种的麻。队数少虽有利于车间的原料管理,但由于混用百分比大,每队原料接批次数频繁,容易造成混合料品质波动大。因此,确定队数的多少要考虑总的用麻量及各批次原料数量大小,总用料量大或每批原料数量少时,配麻队数宜多。当原料的主要性能如强力、分裂度或纤维化学成分等指标接近时,队数可少些。

4. 勤调少调

勤调是指调整原料的次数要多,少调是指每次调换的百分比要小。从表面上看,采用勤调少调似乎会使混合原料品质变动频繁。其实,由于调换数量少,混合原料的品质变动不显著,这样可使生产和成纱品质保持稳定。相反,如果调整次数少,而调换数量多,势必造成混合原料的品质突变,对生产不利。

勤调少调采用分段增减的方法来解决,将一次调换的百分比分为两次或三次调换。例如某主体成分占50%,即将采用另一批号接替,由于两批原料性能不完全一致,因此不能采取一次调整办法,而是在前一个批号没有使用完前,先将后一批号原料的25%取代前一批原料的25%,以后前一批号剩下的原料即将用完,再将后一批号原料由25%增加到50%,这样采用部分提前接替使用的方法,可减少原料性能突变造成的生产波动。

勤调少调还要和到麻趋势配合,配麻表队数多,势必将大部分库存原料安排进去,这样和下一年或后期原料性质不一定能很好地吻合,尤其在新旧原料两期成分的交替过程中,混合料的品质会变动较大。因此,配麻工作中要有预见性,防止成纱品质波动。

三、 纯亚麻纺纱的配麻方式

按原料的长度和加工方法不同,纯亚麻纺纱可分为长麻纺纱和短麻纺纱。其配麻方式各有不同。

(一) 长麻纺纱的配麻

1. 配麻与混麻方法

梳成长麻配麻是在成条机上进行的,一般一台成条机可进行1~4个队次配麻,也有的在两台成条机上进行2~8个队次配麻。配麻的方法是在成条机两侧各站一个挡车工,按配麻的比例要求,将不同品种或麻号的梳成麻手工分成小束,再将小束的麻条首尾搭接,形成连续长条。利用成条、并条工序的并合,进行原料混合。

2. 配麻方案内各成分间的参考指标

(1) 梳成长麻的配麻方案内各成分之间的差异有一定的范围,以下要求可供参考:

① 分裂度差异不大于10 tex(100公支)。

② 强力差异不大于58.8 N。

③ 长度差异不大于100 mm。

④ 可挠度差异不大于10 mm。

(2) 梳成长麻的纺纱范围:

① 12 号以下梳成长麻可纺 50 tex 以上(20 公支以下)细纱。

② 14～16 号梳成长麻可纺 41.67 tex 以上(24 公支以下)细纱。

③ 16～18 号梳成长麻可纺 35.71 tex 以上(28 公支以下)细纱。

④ 18～20 号梳成长麻可纺 27.78 tex 以上(36 公支以下)细纱。

⑤ 22 号以上梳成长麻可纺 23.81 tex 以下(42 公支以上)细纱。

3. 长麻纺纱排队接替参考指标

长麻纺纱排队采用的配麻方案与接替方案之间的指标差异:

(1) 分裂度差异不大于 20 tex(50 公支)。

(2) 强力差异不大于 9.8 N。

(3) 长度差异不大于 50 mm。

(4) 可挠度差异不大于 5 mm。

4. 长麻配麻的注意事项

(1) 梳成长麻的分裂度应在 2.5 tex(400 公支)左右。

(2) 湿纺纱时麻屑的含量不宜过多。

(3) 梳成长麻纤维强力与分裂度之间的关系:纤维强力 9.8 N＝分裂度 33.3 tex(30 公支)。配麻时,可参考这一指标进行调整。

(4) 纤维的可挠度 1 mm 折合强力 0.98 N。

(5) 麻束长度相差悬殊时,要单独在成条机上成条后,再在并条机上进行配麻。

(二) 短麻纺纱的配麻

1. 配麻与混麻的方法

亚麻短麻是紊乱无章的散纤维,配麻一般在混麻加湿机或黄麻回丝机上进行。有的工厂在高产联梳机上采用麻卷混合。在混麻加湿机或黄麻回丝化上进行配麻,是将1～4 个品种且队包重相同的原料用手工撕松,按配麻比例投入机器的喂入机构混合原料。

2. 配麻方案内各成分间的参考指标

(1) 参考指标:

① 分裂度差异不大于 10 tex(100 公支)。

② 强力差异不大于 49 N。

③ 长度差异不大于 40 mm。

④ 可挠度差异不大于 10 mm。

(2) 梳成短麻的纺纱范围:

① 6 号以下短麻可纺 66.67 tex 以上(15 公支以下)细纱。

② 8 号短麻可纺 50 tex 以上(20 公支以下)细纱。

③ 10 号以上短麻可纺 41.67 tex(24 公支)左右短麻高支纱。

其他短麻原料如亚麻一粗、亚麻二粗、低号打成麻及纺纱回丝等,视原料品质确定纺纱品种。

3. 短麻纺纱排队接替参考指标

短麻纺纱采用的配麻方案和接替方案之间的指标差异:

（1）分裂度差异不大于 20 tex(50 公支)。

（2）强力差异不大于 0.49 N。

（3）长度差异不大于 20 mm。

（4）可挠度差异不大于 5 mm。

4. 短麻配麻注意事项

（1）控制好长度 50 mm 以下的含短纤维率。

（2）对散纤维中的麻粒子,要结合纺纱工艺和纺纱品种解决。

（3）对漂白纱要控制好麻屑含量。

（4）亚麻原料厂来的粗麻或沤不透的麻,湿纺工艺可纺低支纱。

（5）梳成短麻纤维强力与分裂度的折合关系:纤维强力 9.8 N＝分裂度 40 tex(25 公支)。配麻时可参考这一指标进行调整。

（6）纤维的长度偏长时,强力可偏低掌握。

四、 混纺纱的选配原则

(一)根据成纱用途和品质要求选配混纺纱的品种

不同用途的织物选用不同的纤维。例如夏季织物要薄而柔软,光泽和条干好,织物外观要显示出具有麻风格的不规则麻节,宜选用涤/麻、丝/麻高支纱织造;春秋季节要求针织产品有毛型感、蓬松感及保暖、吸汗和透气性,宜采用腈/麻、毛/麻或大豆蛋白纤维/麻、远红外纤维/麻等混纺纱产品;冬季粗细毛呢采用毛/麻混纺或毛/麻合股线等。

(二)根据织物要求选用混纺比

确定混纺比要考虑多方面的因素,其中主要是成纱用途和品质要求及纺纱加工要求。纤维的混纺比与混纺纱的强力有一定的关系。混纺纱的强力除了与纤维强力有关外,还与纤维的断裂伸长率有关。当断裂伸长率不同的纤维进行混纺时,在受到外力拉伸时,首先断裂的是伸长率较小的纤维,而伸长率较大的纤维则后断裂。由于纤维不同时断裂,混纺纱的强力不等于其各组分的强力的加权平均值,而是低得多。因此,混纺纱的强力与纤维的混纺比、断裂伸长率和强力等有关。

(三)根据纤维性质选配原料

纤维混纺比选定后,还不能够完全决定产品的性能,因为纤维的各种性能(如长度、线密度、强度等)不同,对产品性能有直接的影响,因此在原料选配过程中要加以考虑,否则会影响产品设计范围。

亚麻纤维经过粗纱的漂练,由长纤维脱胶分裂成短纤维,因此与亚麻纤维混纺的其他纺织纤维长度应不短于 70 mm。例如涤纶长度在 88 mm 以上,可与亚麻纤维纺制 20 tex 以上(50 公支以下)混纺纱。

与亚麻纤维混纺的其他纤维,在长度较长和强度较大的情况下,纤维越细,同号纱线截面内纤维根数越多,成纱品质(如条干均匀度、强力)就越高。但纤维过细,在纺纱过程中容易产生麻粒子,纤维也易断裂,造成短纤维增多,使成纱品质下降。在纺纱过程中,混纺纤维线密度的选择,通常化纤单纤为 2.2～5.6 dtex(2～5 旦),蚕丝、毛纤维为 2.78～3.89 dtex

（2.5～3.5 旦），苎麻纤维为 5.56 dtex 以下（1 800 公支以上）。

在混纺纱的原料选配过程中，还要考虑纤维的性质和纱线结构的关系。所谓纱线结构是指纱条中纤维的排列形态和分布特征。当两种或两种以上纤维混纺时，长纤维和细纤维容易分布在纱的内层，短纤维和粗纤维容易分布在外层。卷曲度大的纤维容易分布在外层，卷曲度小的纤维容易分布在内层。纤维在纱的径向分布情况会影响织物的服用性能，例如织物的耐磨性、手感、外观等，一般都由纱的外层纤维反映。亚麻纤维和化学纤维混纺后，亚麻纤维短而粗，因而包裹在纱线的外层，化学纤维长而细，成为纱线的芯部。因此，麻混纺纱线在性质上仍属于麻制品，可保持亚麻制品特有的优良的吸放湿性能。

因此，根据各种纤维的性质适当地选配原料，使某种纤维处于纱条外层，某种纤维处于纱条的内层，发挥各自纤维的特点，可满足不同的纱线或织物要求。

第五章 麻条的牵伸与并合

第一节 牵伸与并合的意义及形式

一、牵伸与并合的意义

由成条工序、梳麻工序纺出的长或短麻纱条的长、短片段条干很不均匀,而且麻条较粗,不能直接用来纺制细纱,需采用牵伸、并合的方式将麻条拉成较细、较均匀且符合细纱工艺要求的纱条。

牵伸是通过纺纱机台的牵伸机构,将粗麻条拉成较细纱条的过程;并合是将数根麻条沿着纱条长度方向叠加成一体的过程。

由于牵伸通过机械式机构强制性地从粗麻条中抽拔出薄的纤维层构成细麻条,细麻条上因抽拔不匀会产生长、短片段不匀。如果将数根粗细不匀的麻条并合叠加成一体,则各麻条间的粗、细段部分有相互叠加的机会,进而改善麻条的长、短片段不匀。

并合虽能改善纱条的粗细不匀,但由于几根麻条并合成一体会使麻条半成品变粗,这不符合将半成品纱条逐步拉伸变细来达到所要求的纺纱支数的纺纱工艺原则,因此需进一步牵伸,将粗麻条拉成细麻条。但牵伸又会使细麻条的长、短片段产生新的不匀,需继续采用并合的方式改善麻条的长短片段不匀。为了使纺纱半成品经各道工序逐渐均匀拉细,纺纱工艺设计的牵伸倍数应大于并合数。麻条经过多次牵伸并合,逐步成为较均匀的纱条。以长麻纺纱为例,其牵伸、并合工序如图5-1所示。

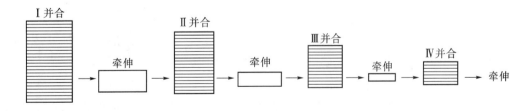

图 5-1 长麻纺纱的牵伸、并合工序示意

二、牵伸与并合的形式

(一)先牵伸后并合式

该形式主要用于长麻纺纱的成条、并条工序。单根麻条从成条机、并条机的喂入机构输入机台,先经过牵伸机构拉长变细,然后在并合板上并合成一体,如图 5-2 所示。

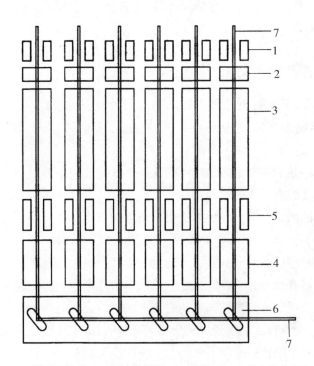

1—后牵伸引导片 2—后牵伸罗拉 3—针排区 4—前牵伸引导片
5—前牵伸罗拉 6—并合板 7—麻条

图 5-2 先牵伸后并合式

(二)先并合后牵伸式

该形式主要用于短麻纺纱的针梳、精梳、再割机等工序。将喂入的麻条先集束并合排列,然后通过牵伸机构拉长变细,如图 5-3 所示。

(三)混合式

该形式是指同一台纺纱设备上既有先牵伸后并合式,又有先并合后牵伸式,在梳麻机和混条机上采用,如图 5-4 所示。

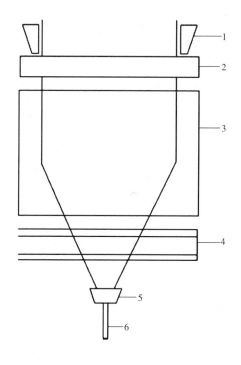

1—喂入引导器　2—后牵伸罗拉
3—针排区　4—前牵伸罗拉　5—集条器

图 5-3　先并合后牵伸式

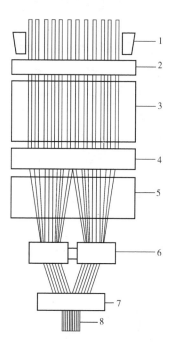

1—喂入引导器　2—后牵伸罗拉
3，5—针排区　4—第一牵伸罗拉
6—第二牵伸罗拉　7—引出罗拉

图 5-4　混合式

第二节　牵伸与并合工艺

一、麻条的牵伸

　　将麻条拉长变细的过程称为牵伸。牵伸使单位长度的麻条质量减小，截面缩小，线密度降低，支数提高，还能使麻条中纤维伸直平行。牵伸的这些基本作用是麻条中纤维与纤维间相对移动的结果。

　　麻条牵伸程度用牵伸倍数表示。如麻条单位长度质量减少到原来的 $1/E$ 倍，或麻条长度为原来的 E 倍时，则牵伸倍数就是 E 倍。牵伸倍数可按机台传动图进行计算，所得数值称为机械牵伸倍数或理论牵伸倍数。牵伸过程中一般会发生纤维散失、皮辊滑溜及麻条捻缩等现象，考虑这些因素所得的牵伸倍数称为实际牵伸倍数。实际牵伸倍数与机械牵伸倍数之比称为配合率。该指标一般根据生产实际的积累取统计值。

　　为了实现牵伸过程，必须沿麻条轴向施以外力，以克服存在于纤维间的抱合力与摩擦力，同时牵伸过程必须是连续的。

(一) 实现牵伸过程必须具备的条件

(1) 麻条上必须具有积极握持的两点,且两个握持点之间有一定的距离。

(2) 积极握持的两处必须具有相对运动,输出一端的线速度大于喂入一端的线速度。

麻条的拉细程度与握持处的相对速度和握持力有关。当麻条握持处的相对速度很小或握持力不大时,麻条的伸长只是由于纤维伸长及伸直而产生的,这时,纤维间不产生相对移动,这种牵伸称为张力牵伸。张力牵伸在麻纺中有广泛应用。当麻条握持处的相对速度增大,握持力足以克服纤维间相互移动的摩擦阻力时,纤维间产生移动,麻条伸长。为拉细产品,必须采用这种牵伸。

(3) 牵伸区隔距要大于纤维的品质长度。

在上述条件下进行牵伸时,两个握持处所组成的区域称为牵伸区,两个握持处之间的距离称为隔距,罗拉握持麻条的地方称为钳口。

牵伸过程是由牵伸装置实现的。在亚麻纺纱中,牵伸机构的形式较多,但其牵伸过程具有共通性。在并条机上普遍采用针排式牵伸机构,两个喂入罗拉和一个喂入罗拉压辊组成品字形的后钳口,牵伸罗拉和皮辊组成前钳口,前、后钳口组成牵伸区。为了牵伸时能有效地控制纤维的运动,中间还附加了针排机构,麻条一进入后钳口就以后罗拉速度运动,麻条进入针排时,由于针排速度比后罗拉稍快,速度有了变化,可是变化很小,所以这一区域不是主要牵伸区,只是以一定的速度运送麻条中的纤维至前钳口。前钳口的表面速度较大,一旦纤维的前端被前钳口控制,整根纤维就从针板中被快速抽出,并以前罗拉速度运动,这样,纤维间就产生相对移动,有较大的移距变化,从前钳口出来的麻条比牵伸前细好多倍。

(二) 牵伸区内的纤维类型

(1) 按控制情况分类。牵伸区内的纤维按控制情况可分为被控制纤维和浮游纤维两类。凡被某一罗拉控制并以该罗拉表面速度运动的纤维称为被控制纤维,如被后罗拉钳口握持并以后罗拉表面速度运动的纤维称为后纤维,被前罗拉钳口握持并以前罗拉表面速度运动的纤维称为前纤维。这两种纤维都属于被控制纤维,纤维长度越长,被控制的时间就越长。当纤维的两端在某个瞬时既不被前罗拉控制,又不被后罗拉控制,处于浮游状态时,称为浮游纤维。

(2) 按运动速度分类。牵伸区内的纤维按运动速度可分为快速纤维和慢速纤维两类。凡以前罗拉表面速度运动的纤维,包括前纤维和已经变为前罗拉表面速度的浮游纤维,称为快速纤维;凡以后罗拉表面速度运动的纤维,包括后纤维及未变速的浮游纤维,称为慢速纤维。

(三) 纤维变速点分布与纱条不匀

纤维在罗拉牵伸区的运动情况比较复杂,目前无比较简便的方法进行测试、观察。因此,从纱条中选取两根纤维,在规定的条件下进行纤维运动分析,说明牵伸过程中纤维运动的规律性。

(1) 纤维头端在同一位置变速的分析。如图 5-5 所示,对于两根伸直平行的长纤维 A 和 B,牵伸前它们的头端间距为 a_0。当纤维 A 的头端到达前钳口时就以前罗拉速度 V_1 运

动,而纤维 B 仍以后罗拉速度(V_2)运动,此时两根纤维的头端间距为 a_1,则:

$$a_1 = V_1 t \quad t = \frac{a_1}{V_1}$$

$$a_0 = V_2 t \quad t = \frac{a_0}{V_2}$$

$$a_1 = a_0 \frac{V_1}{V_2} = E a_0$$

即麻条经过 E 倍牵伸后,两根纤维头端的距离增加到原来的 E 倍。

由此可见,牵伸实质上是麻条中的纤维沿麻条轴线方向的相对位置产生了变化,将纤维分布到较长的麻条长度上,麻条未产生附加不匀。但事实上,罗拉牵伸会影响麻条的不匀。这说明麻条在牵伸过程中,纤维头端同时在前罗拉钳口处变速与实际情况不符。

(2) 纤维头端在不同位置变速的分析。由于纤维头端在同一位置变速与实际情况不符,人们用试验的方法探求牵伸区内纤维运动与输出纱条不匀间的关系。最简单的是采用移距试验。如图 5-6 所示,将两根有色纤维夹在纱条内,其头端距离为 a_0,经 E 倍牵伸后,测量输出纱条内这两根纤维的头端距离(a_1)。在反复试验中发现,a_1 有时大于 $E a_0$,有时小于 $E a_0$,很少等于 $E a_0$,这充分说明在实际牵伸中纤维头端不在同一位置变速。

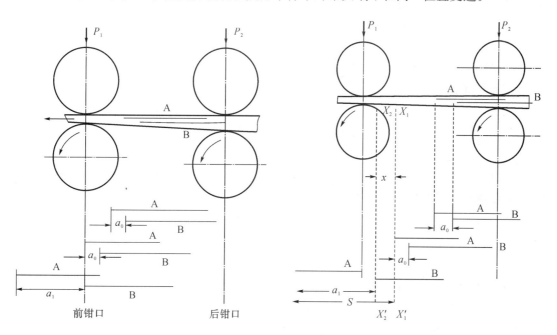

图 5-5　纤维头端在前钳口变速时的移距　　　图 5-6　纤维头端在不同位置变速时的移距

如果纤维 A 在 $X_1 - X_1'$ 截面上变速,而纤维 B 到达 $X_2 - X_2'$ 截面上其速度才从 V_2 转变为 V_a,纤维 A 开始变速后,纤维 B 尚须以速度 V_2 向前运动一定距离($a_0 + x$)才变速,所需要的时间:

$$t = (a_0 + x)/V_2$$

在同一时间内,纤维 A 的头端也向前走了一定距离 S,其值为 $x+a_1$,则:

$$S = x + a_1 = V_1 t = V_1 \frac{a_0 + x}{V_2} = E(a_0 + x)$$

因此:

$$a_1 = S - x = a_0 E + (E-1)x$$

同理可得,如果纤维 A 在 $X_2 - X_2'$ 截面上变速,而纤维 B 在 $X_1 - X_1'$ 截面上变速,则:

$$a_1 = a_0 E - (E-1)x$$

两种情况综合后,两根纤维在不同截面上变速后的头端距离:

$$a_1 = a_0 E \pm (E-1)x$$

式中:$a_0 E$——纱条经 E 倍牵伸后纤维头端的正常移距;

$x(E-1)$——牵伸过程中纤维头端在不同截面上变速而产生的移距偏差。

移距偏差有正负之分,"$+$"号表示牵伸后的纤维头端距离大于正常移距,"$-$"号表示牵伸后纤维的头端距离小于正常移距,甚至使牵伸前头端在后面的纤维,牵伸后越过前面的纤维。在实际牵伸中,正是这种移距偏差(即纤维不在同一位置变速)使得纱条产生了附加不匀。于是,人们进而研究纤维在牵伸区的变速位置问题。

根据试验,简单罗拉牵伸区内纤维变速点分布(即变速位置)如下:

① 牵伸过程中纤维头端的变速位置(变速点至前钳口的距离)有大有小,各个变速位置上的变速纤维数量又不相等,形成一种分布,即纤维变速点分布。

② 同一长度的纤维,其头端变速也在同一位置,同样呈一种分布。长纤维的变速点分布比较集中,其变速位置靠近前钳口,而短纤维的变速点分布比较分散,其变速位置远离前钳口。

另外,不同的牵伸形式下,纤维变速点分布的分散程度不同,两对简单罗拉牵伸形式的纤维变速点分布最分散,条子不匀最明显。

由试验结果可知,为了获得均匀的产品,应使移距偏差 $x(E-1)$ 的值尽量减小或 X 的值趋近于 0,即要求所有纤维的头端变速位置尽量向前钳口集中,为此要了解牵伸区内的摩擦力界分布和纤维受力等。

(四)牵伸区内的摩擦力界

在罗拉牵伸区中,麻条中纤维在运动中受到摩擦力作用,摩擦力作用的空间称为摩擦力界,其中纤维之间的摩擦力所作用的空间称为内摩擦力界,纤维与牵伸装置部件之间的摩擦力所作用的空间称为外摩擦力界。摩擦力界是一个空间力场。

摩擦力界中各点上的摩擦力大小不同,形成了摩擦力界的强度分布,简称摩擦力界分布。但摩擦力界仅表示纤维在牵伸过程中受到的摩擦力的大小,而不能决定其方向,力的方向取决于纤维相对运动的方向。

图 5-7 所示为罗拉钳口下麻条摩擦力界分布。皮辊对麻条加压力 P 后,在上、下罗拉中心线 O_1O_2 上,麻条内纤维间压力最大,纤维相对滑动时产生的摩擦力或摩擦力强度也最

大,沿麻条轴线方向向两边逐渐减小,在 ab 线左方或 cd 线右方,皮辊对麻条的压力影响趋近于零。但因纤维间存在抱合力,仍有一定的摩擦力强度,如图 5-7 中曲线 m_1 所示;当上罗拉压力加大时,摩擦力界分布如图 5-7 中曲线 m_2 所示;当上、下罗拉直径都增大时,摩擦力界分布如图 5-7 中曲线 m_3 所示。

在麻条横截面上,由于皮辊表面具有弹性,当皮辊受压后,皮辊表面产生变形,麻条表面被包围,纤维也受到较大的压力,所以它的横向摩擦力界分布较均匀。

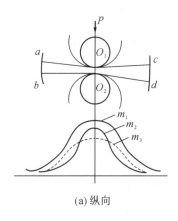

(a)纵向

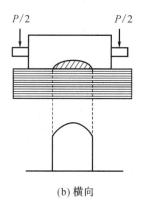

(b)横向

图 5-7 罗拉钳口下麻条摩擦力界分布

在一个牵伸区内,两对罗拉各自形成的麻条摩擦力界分布连贯起来,就构成牵伸摩擦力界 $F(x)$,如图 5-8 所示。假设麻条牵伸时,纤维间的压强为 $P(x)$,纤维间摩擦因数为 μ_g,抱合力为 C_g,则对于无捻麻条,其摩擦力界 $Fm(x)$ 有以下近似表达式:

$$Fm(x) = \mu_g P(x) + C_g$$

(1)影响摩擦力界分布的因素。

① 压力。上罗拉的压力 P 增加时,钳口内纤维更有力地被压紧,由于皮辊变形及麻条本身的变形,麻条与上、下罗拉接触的边缘点外移,摩擦力的长度(沿麻条轴线方向的长度)扩展且摩擦力界分布的峰值增大,如图 5-7 中曲线 m_2 所示。如果压力 P 减小,则产生与此相反的结果。

② 罗拉直径。当罗拉直径增加时,因为同样的压力 P 分布在较大的面积上,所以摩擦力界的峰值减小,但分布的长度扩大,如图 5-7 中曲线 m_3 所示。

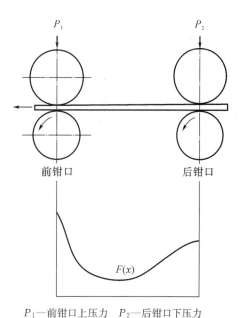

P_1—前钳口上压力　P_2—后钳口下压力

图 5-8 简单罗拉牵伸区内麻条的摩擦力界分布

③ 麻条定量。麻条定量(或号数)增加,紧压后麻条的厚度均有所增加,此时摩擦力界分布的长度增大,但因麻条单位面积上压力减小,摩擦力界分布的峰值降低。

④ 其他因素。罗拉钳口中麻条横向的摩擦力界分布,还受喂入麻条的截面形状、罗拉表面性质等因素的影响。扁平形截面的麻条,横向受压较均匀,横向摩擦力界的分布亦较均匀;圆形截面的麻条,横向受力自中央向两侧逐渐减小,摩擦力界的分布也相应地自中央向两侧逐渐减小。

牵伸区内麻条中部摩擦力界的强度还与罗拉隔距有关,隔距小时,摩擦力界强度较大。

既然摩擦力界分布主要是由于压应力的存在而产生的,那么亦可用其他方法,如针排、皮圈、轻质辊等机件,使麻条中的纤维相互紧压而产生摩擦力界分布。在罗拉机构中,除罗拉加压外,由其他条件产生的摩擦力界称为附加摩擦力界。

(2) 牵伸区中麻条内纤维所受的力。在牵伸过程中,由于罗拉钳口间的距离大于纤维长度,每根纤维总有一个浮游过程。浮游纤维的速度取决于其周围接触的快速纤维和慢速纤维的情况。在后钳口附近,浮游纤维接触后纤维的机会较多,故大部分为慢速纤维,快速纤维极少。之后,慢速纤维逐渐减少,而快速纤维逐渐增加,直到前钳口附近,才大部分属于快速纤维,慢速纤维很少。因此,对于一根浮游纤维,其周围的快速纤维对它产生向前的摩擦力 F_a,企图使它加速,而周围的慢速纤维对它产生向后的摩擦力 F_v,阻止它变速。因此,浮游纤维能否变速,取决于 F_a 和 F_v 的大小。通常把作用在牵伸区内一根浮游纤维整个长度上的加速力 F_a 称为该纤维的引导力,作用在牵伸区内一根浮游纤维整个长度上的阻止加速的力 F_v 称为该纤维的控制力。显然,一根浮游纤维加速的条件是 $F_a > F_v$;如果 $F_a < F_v$,则它保持原有的慢速运动。

(五) 牵伸区内的纤维运动及其控制

在罗拉牵伸区内,每根纤维都有一个浮游过程。因而当一根纤维的头端离开后钳口开始浮游时,由于牵伸区的纤维数量分布和摩擦力界分布,其接触的慢速纤维的平均数总是大于快速纤维的平均数,而且尾部还处于后钳口较强的摩擦力界控制之下,即控制力大于引导力($F_v > F_a$),所以可以保持慢速运动一段距离。之后,随着该纤维向前运动,其周围接触的慢速纤维逐渐减少,而前钳口的摩擦力界强度逐渐增加。当 $F_a > F_v$ 时,该纤维运动就由慢速变为快速,纤维的头端越接近前钳口,这种变速的可能性越大。对于长纤维来说,因其尾端脱离后钳口时,头端距前钳口不远,但此时由于尾端仍处于较强的后部摩擦力界控制之下,引导力还不足以克服控制力而使纤维变速,只有当引导力足够大时,才能使纤维变速,因此,长纤维的头端变速位置总是比较靠近前钳口而比较集中。短纤维由于其长度比罗拉钳口间距小得多,在牵伸区内浮游动程较长,当其头端离前钳口还有一定距离时,引导力的增大足以克服控制力而使它变速,所以其变速位置离前钳口较远,而且比较分散。

在简单罗拉牵伸区内,麻条的中部摩擦力界强度较弱,对浮游在牵伸区中部的短纤维来说,引导力和控制力都比较小,而且引导力的增加和控制力的减小都比较缓慢。此时,如果麻条不匀,紧密度有差异,或者纤维间接触状况不同,都足以使控制力和引导力发生较大的变化,引起头端提前或迟缓变速,形成纤维变速点分布比较分散和不稳定。纤维越短或罗拉钳口间距离越大,这种情况就越严重。这就是普通罗拉牵伸时输出麻条条干均匀度恶化的主要原因。因此,为了改善输出麻条的均匀度,需要控制牵伸区内纤维运动,在麻条中一般都采用附加摩擦力界,增加中部摩擦力界强度。

（六）牵伸力、握持力与麻条运动

（1）牵伸力的概念。牵伸区中以前罗拉速度运动的快速纤维，从以后罗拉速度运动的慢速纤维中抽出时所受到的摩擦力总和，称为牵伸力。

牵伸力和摩擦力实质是一个问题的两种表现形式，与纤维的数量分布、摩擦力界分布及工艺参数等都有密切关系。

牵伸力与控制力、引导力有区别。控制力与引导力是对一根纤维而言的，而牵伸力是指麻条在牵伸过程中受到的摩擦阻力。

牵伸力的计算公式推导如下：

设 $\mu P(x)$ 为一根纤维在 x 处单位长度上所产生的摩擦阻力，其中：μ 为摩擦因数；$P(x)$ 为 x 处单位长度上所施加的垂直压力；$N(x)$ 为麻条在 x 截面上的纤维根数；$N_1(x)$ 为麻条在 x 截面上的慢速纤维根数；$N_2(x)$ 为麻条在 x 截面上的快速纤维根数；l 为最大纤维长度；f_d 为 $N_2(x)$ 根纤维在 x 处单位长度上所产生的总摩擦力；F_D 为 $N_2(x)$ 根纤维在纤维全长上的总摩擦力；R 为两对罗拉钳口之间的距离。则：

$$f_d = \mu P(x) \times \frac{N_1(x)}{N(x)} \times N_2(x)dx$$

$$F_D = \int_{R-l}^{R} \mu P(x) \times \frac{N_1(x)}{N(x)} \times N_2(x)d_x$$

从以上两式可以看出：

① 牵伸力的大小和 $N_1(x)$、$N_2(x)$ 有关，$N_2(x)$ 越小，$N_1(x)$ 越大，即牵伸倍数越大。

② 牵伸力随着纤维间摩擦因数 μ 的增大而增大。

③ 随着垂直压力 $P(x)$ 的增大，牵伸力增大。

④ 随着纤维长度的变化，牵伸力亦不同，纤维长度越长，所需要的牵伸力也越大。

（2）握持力的概念。所谓握持力是指罗拉钳口对麻条的摩擦力，其大小取决于钳口对麻条的压力及上、下罗拉与麻条间的摩擦因数。如果罗拉钳口的握持力不足以克服麻条上的牵伸力时，麻条就不能正确地按罗拉表面速度运动，而在罗拉钳口下打滑，造成牵伸效率低，输出麻条不匀，甚至出现"硬头"等不良后果。因此，牵伸时罗拉钳口能否充分握持麻条取决于握持力和牵伸力的大小。

（3）影响握持力和牵伸力的因素。握持力的大小，除机械因素外，主要取决于皮辊上的压力大小。经试验确定，牵伸装置对罗拉所施加的压力一般可使钳口有足够的握持力。但使用弹簧加压时需注意，弹簧使用久后易变形而影响皮辊上实际所施加的压力大小。

经测定，牵伸力不是一个定值，而是时间的函数，故一般在讨论牵伸力的大小及其变化时，均指平均值。

① 牵伸倍数与牵伸力的关系。

a. 当喂入麻条的号数或纤维数量不变时，牵伸倍数与牵伸力的关系如图 5-9 所示。当牵伸倍数等于 1 时，即不发生牵伸，纤维没有运动。牵伸力 F_D 为零。此后，随着牵伸倍数的提高，麻条呈紧张状态，这时麻条在外力的作用下产生弹性变形，故牵伸力 F_D 随着牵伸倍数的增加而急剧增加到最大值，此时的牵伸倍数称为临界牵伸倍数 E_D。小于临界值的牵伸倍数仅使麻条紧张而纤维间产生移动。牵伸倍数超过临界值后,麻条间纤维产生滑动,于是牵伸力开始下降,此时的牵伸力就是慢速纤维对快速纤维作用的摩擦阻力。随着牵伸倍数的增加,快速纤维比例减小,则牵伸力不断下降。

临界牵伸倍数随着纤维的种类、长度、线密度、罗拉隔距、纤维平行伸直度等因素的变化而变化,一般临界值小于 2,麻纺上一般为 1.2~1.6。由于在临界牵伸倍数附近牵伸力波动大,因此尽可能避免使用临界值附近的牵伸倍数值。

b. 当输出麻条的号数不变时,改变输入麻条的号数,则牵伸倍数大意味着输入麻条粗或纤维数量多,后钳口对麻条的摩擦力界有扩展。虽然前钳口下纤维数量不变,但因每根快速纤维抽出时受到的阻力增加,牵伸力也相应增加,此时牵伸倍数与牵伸力的关系如图 5-10 所示。

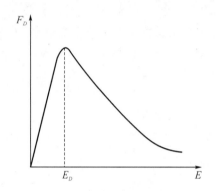

图 5-9 牵伸倍数 E 与牵伸力 F_D 的关系

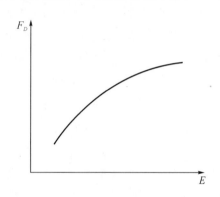

图 5-10 输出号数不变时牵伸倍数 E 与牵伸力 F_D 的关系

② 摩擦力界与牵伸力的关系。

a. 罗拉钳口隔距与牵伸力有密切的关系,如图 5-11 所示。在隔距很大时,隔距稍稍减小对牵伸力没有多大影响,因为此时快速纤维的尾端未进入钳口摩擦力界的作用范围。如隔距继续减小,牵伸力会缓慢地增加。随着隔距的减小,快速纤维抽出时受到的摩擦阻力增加。当隔距小到一定程度(R_C)以后,有部分快速纤维的尾端还未脱离后钳口,前罗拉钳口不仅要克服纤维之间的摩擦阻力,还要将部分纤维从后钳口抽出,引起牵伸力急剧上升。

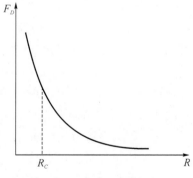

图 5-11 罗拉钳口隔距 R 与牵伸力 F_D 的关系

b. 皮辊上压力增加,摩擦力界的强度和幅度相应增加,因而牵伸力也增大。对于曲线牵伸机构,即使钳口压力相同,也会因麻条中后部摩擦力界强度和扩展幅度增加而使牵伸力较简单罗拉牵伸力大。

c. 喂入麻条厚度与宽度的改变对牵伸力亦有影响,这与麻条厚度、宽度对摩擦力界的影响相同。如果厚度与宽度同时改变,则影响程度需视何种因素占优势而定。但影响摩擦力界扩展的主要因素是厚度,所以喂入麻条线密度高(支数低)时,摩擦力界分布长度扩展,牵伸力变大。牵伸区中有附加摩擦力界时,牵伸力增大。

③ 纤维性质、平行伸直度与牵伸力的关系。

a. 纤维长度长、线密度小,则相同号数的麻条截面中纤维根数多且在较大长度上受到纤维阻力,所以牵伸力大。同时,细而长的纤维,一般抱合力较大,这也增加了纤维间的摩擦力,使牵伸力较大。

b. 纤维呈曲面相互交错纠缠的排列状态时,牵伸力较大;纤维越平行伸直,牵伸力越小。在同样工艺条件下,二道并条的牵伸力比头道小。

④ 相对湿度与牵伸力的关系。相对湿度很低时,纤维间摩擦因数减小,牵伸力降低,相对湿度很高时,牵伸力增加。

(4) 牵伸力、握持力对纱条运动的影响。由牵伸力和握持力分析可知,牵伸过程中的运动和控制是以后罗拉钳口充分握持纤维为前提的。一定的皮辊压力和合理的工艺选定,使牵伸过程中的牵伸力保持在一定的限值之下,不能超过已定的握持力,这样才能保证纱条的正常运动。

了解牵伸力与牵伸倍数、罗拉钳口隔距和加压等基本工艺参数的内在联系,为合理确定牵伸工艺,解决和预防麻条在钳口下打滑,稳定生产,提高产品质量,提供了重要启示。如纺低线密度纱时,所用的纤维细而长,牵伸力较大,在确定纺纱工艺时,应使罗拉隔距大一些,以减小牵伸力,使它与握持力相适应,但根据牵伸区内控制纤维运动的要求,隔距应偏小,而隔距小则牵伸力必然大,一般采用"紧隔距、重加压"工艺。

(5) 对牵伸力的要求。

① 牵伸力的下限应当使浮游纤维保持一定的张力,使纤维间有一定的紧张接触,前纤维引导力稳定,这样才能稳定地把慢速纤维引入前钳口。

② 牵伸力的下限不能接近或超过罗拉钳口的握持力,否则麻条会在罗拉钳口下打滑。

(七) 伸直度及牵伸对纤维伸直的影响

牵伸的主要目的是拉细麻条,但提高纤维的伸直平行度也是牵伸的目的之一。

(1) 纤维伸直度的概念。

① 单纤维的伸直度。单纤维的伸直度可由下式计算:

$$\eta_a = \frac{l}{l_a} \times 100\%$$

式中:η_a —— 单纤维的伸直度,%;

　　　l_a —— 纤维完全伸直后的长度,mm;

　　　l —— 未伸直纤维的投影长度,mm。

② 纤维束的伸直度。纤维束的伸直度可由下式计算:

$$\eta = \frac{\sum\limits_{i=1}^{n} l_i}{\sum\limits_{i=1}^{n} l_{ai}}$$

式中:η —— 纤维束的伸直度,%;

l_{ai}——第 i 根纤维完全伸直后的长度，mm；

l_i——第 i 根未伸直纤维的投影长度，mm。

③ 纤维的分离度。分离度即纤维的分离程度，可用一定长度纱条内单纤维根数与束纤维根数之和对纱条中纤维总根数的百分比表示。

（2）牵伸对纤维伸直的影响。

① 牵伸过程中纤维伸直的概念。牵伸区中纤维伸直过程就是纤维自身各部分间发生相对运动（即速度差）的过程。按照纤维形状的分类，无弯钩的卷曲纤维的伸直过程最简单，如图 5-12 所示，当它的头端进入变速位置（离前钳口 R 处）后，头端与其他部分即产生相对运动而开始伸直，使纤维的卷曲处被拉直。但弯钩纤维的伸直过程比较复杂，如将弯钩较长的部分称为"主体"，较短的部分称为"弯钩"，则"主体"与"弯钩"产生相对运动。当两者以同一速度运动时，纤维不发生伸直作用，但当两者的速度有差异时，即前弯钩纤维的"弯钩"为慢速时，或后弯钩纤维的"主体"为快速而"弯钩"为慢速时，纤维即发生伸直作用。

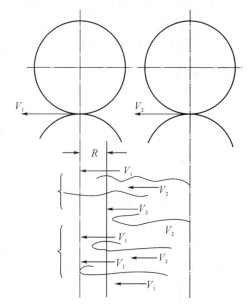

图 5-12　纤维的伸直过程

上述概念是一种平均概念，是不全面的。因为实际上纤维的接触是随机的，主体部分与弯钩部分在某种情况下是相互独立运动的，各自在牵伸区任何截面上都能变速，所以两者相对运动的结果不一定都对伸直有利。正确全面的结论应该利用概率和数理统计方法进行严密推算而得到。

② 牵伸过程中纤维伸直的条件。在牵伸过程中，纤维伸直必须具备三个条件，即速度差、延续时间和作用力，而能使纤维产生相对运动的根本原因就是作用力条件。

a. 纤维伸直的力学条件。根据浮游纤维变速条件的原理，使弯钩纤维实现相对运动的力学条件有两点。

第一，在同一瞬间作用在弯钩部分和主体部分的两类摩擦力，应同时满足变速（前弯钩纤维的弯钩部分或后弯钩纤维的主体部分）与不变速（前弯钩纤维的主体部分或后弯钩纤维的弯钩部分）的要求。

第二，作用在弯钩上的两类摩擦力之间的差异应能克服弯钩屈曲处的弯曲阻力。

以上两点可用方程式表示，如图 5-13 所示。令某一瞬间作用于弯钩部分（图中 AB 段）的引导力为 $\sum F_{Ai}$，控制力为 $\sum F_{Ri}$，作用于主体部分（图中 CB 段）的引导力为 $\sum F'_{Ai}$，控制力为 $\sum F'_{Ri}$，弯钩屈曲处的弯曲阻力为 B。F_{Ai} 指将弯钩部分分为 n 格后第 i 格上弯钩纤维与快速纤维接触而受到的摩擦力，其大小显然同该处的摩擦界强度及所接触的快速纤维根数和接触面积有关；F_{Ri} 指同一位置上弯钩纤维与慢速纤维接触而受到的摩擦力。同样，F'_{Ai} 与 F'_{Ri} 指将全部主体部分等分为 n 格后第 i 格上弯钩纤维与快速纤维接

触及慢速纤维接触而受到的摩擦力。那么,前弯钩纤维发生伸直作用的条件如下:

$$(弯钩变速)\sum F_{Ai} - \sum F_{Ri} > B$$

因 B 值很小,可忽略,因此上式简单化为:

$$\sum F_{Ai} > \sum F_{Ri}$$

$$(主体慢速)\sum F'_{Ri} > \sum F'_{Ai}$$

同理,后弯钩纤维发生伸直作用的条件如下:

$$(主体变速)\sum F'_{Ai} > \sum F'_{Ri}$$

$$(弯钩慢速)\sum F_{Ri} > \sum F_{Ai}$$

在牵伸区中采取加强后部摩擦力界的措施,不仅有利于控制纤维运动,而且有利于伸直纤维。

b. 除力学条件外,弯钩纤维的伸直效果还与伸直的延续时间及伸直位置有关。因弯钩纤维除了做上述随机运动外,还有其他强制运动,即受罗拉钳口的干扰作用而发生的运动。

对于后弯钩纤维,理论上讲,它开始伸直的位置是主体部分的中点越过或然率最大位置。当纤维主体长度较长,它的中点还未达到 R' 时,它的头端已经进入前钳口线 FF',如图 5-14 所示,虽未满足上述一般后弯钩纤维伸直的力学条件要求,但前钳口的握持力使主体部分提前变速,延长了延续时间,提高了伸直效果。

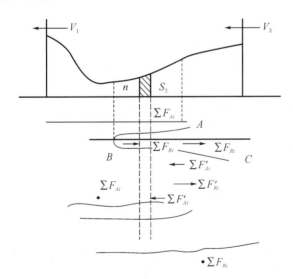

图 5-13　纤维伸直动力学条件

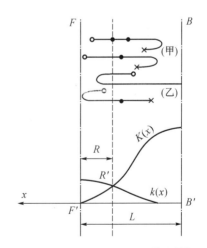

$K(x)$—慢速纤维　　　$k(x)$—快速纤维

图 5-14　弯钩纤维伸直的位置条件

相反,对于前弯钩纤维,开始伸直的位置是弯钩的中点越过 R' 点而纤维弯曲点的位置还未到达前钳口,主体部分的中点尚未达到 R' 时,如图 5-14 所示,在前弯钩纤维伸直作用发生后,由于弯曲点很快进入前钳口,整根纤维都做快速运动,使伸直过程中断,也就是说,缩短了延续时间。

（3）牵伸倍数对牵伸过程中纤维伸直效果的影响。从上面分析可知，由于前钳口的强制作用使后弯钩纤维的伸直效果提高，而使前弯钩纤维的伸直效果降低，牵伸倍数与弯钩纤维的伸直效果有直接的关系。牵伸倍数影响前钳口对弯钩伸直效果的干扰作用，即影响伸直的延续时间。

牵伸倍数越大，对后弯钩纤维的伸直效果越好，这是由于牵伸倍数越大，R'点的位置离前钳口越近，上述前钳口的强制作用越显著，从而延长了其伸直过程的延续时间。但牵伸倍数越大，对前弯钩纤维的伸直效果越差，因为变速点或然率最大位置 R' 离前钳口越近，前钳口的强制作用缩短了其伸直过程的延续时间。当牵伸倍数较小时，R'点离前钳口较远，有利于延长前弯钩纤维伸直过程的延续时间，伸直作用可顺利进行，所以前弯钩纤维只在牵伸倍数较小时才有充分的伸直作用。

（八）麻条不匀率分析

对任何一种麻条，或者测量其各截面内的纤维数量，或测量某一固定长度的麻条质量，都发现它们是变量。如果把测量结果画成图形，可看出呈不规则波形，这就是麻条的不匀。

纱条不匀是由纤维排列的随机性不匀，以及工艺过程的不良所形成的附加不匀所组成的。对生麻条而言，附加不匀是梳麻以前的工艺过程产生的，从麻条到细纱的附加不匀主要是由于牵伸过程不良而形成的。因此，要研究牵伸附加不匀，以便采取措施，消除麻条不匀现象。

麻条不匀如呈无规律波形，则主要是由于浮游纤维在牵伸区不规则运动形成的，称为牵伸波。

（1）随机麻条不匀。纤维随机排列的麻条不匀现象称为随机麻条不匀，有时简称为随机不匀。所谓麻条中的纤维随机排列，是指组成麻条的每根纤维可以出现在麻条的任意部分，不受任何因素的限制，也就是说是随机的。当麻条中的纤维无限多，即麻条无限长时，某根纤维在某个位置出现的概率接近于零。根据数理统计原理，这样的麻条截面上的纤维数量将按泊松分布的规律变化，因此，随机不匀率可由统计方法得出。

当组成麻条的纤维本身和各纤维线密度（支数）都相同时，随机麻条不匀仅仅由于麻条各截面上纤维数量有差异而产生，其不匀率可按下式计算：

$$C_V = 1/n^{1/2} \times 100\%$$

式中：C_V—— 不匀率或变异系数，%；

n—— 麻条截面中纤维的平均根数。

当组成麻条的纤维本身不匀时，随机麻条不匀除了由各截面内纤维数量有差异而引起外，还因纤维线密度（支数）不匀而加大。这时的随机不匀率可按下式计算：

$$C_V = \frac{(100^2 + C_a^2)^{1/2}}{n^{1/2}}$$

式中：C_a—— 纤维截面不匀率，%。

从上式可以看出：

① 随着麻条逐渐变细,随机不匀率增大。

② 纱的支数不同,即麻条截面上的纤维根数发生变化,随机不匀也各异。

③ 随机不匀是麻条固有的,它与工艺过程无关,因此,随机不匀可作为衡量麻条不匀率的参考值,即减小实际不匀与随机不匀之间的差异是降低不匀的具体目标。随机不匀有时称为不匀率的极限或下限。

(2) 机械因素形成的麻条不匀。机械状态不良会影响麻条不匀。主要的机械不良因素有以下几种:

① 罗拉钳口移动。罗拉钳口位置如对时间不稳定,那么罗拉隔距将随时间变化而变化,形成麻条不匀,如图 5-15 所示。A 与 B 是一对罗拉,下罗拉为正圆,而上皮辊偏心,皮辊的回转中心 D 不是它的几何中心。当罗拉回转时圆心环绕 D 做圆周运动时,罗拉钳口也做往复运动(如图 aa'),使纺出的纱条形成一段粗节一段细节。上皮辊偏心越大,钳口移动距离 aa' 也越大,纺出纱条不匀现象越显著。罗拉钳口移动影响纱条不匀率的程度与牵伸倍数密切相关,牵伸倍数越大,纺出纱条越不匀。另外,皮辊的弯曲和皮辊包覆物不匀,均使罗拉钳口前后移动,影响输出纱条不匀。皮辊加压与支架配合不良,皮辊轴在支架内来回摆动,两只皮辊合成一体时,其中一只皮辊或两只皮辊偏心,均会使钳口摆动,从而造成附加不匀。

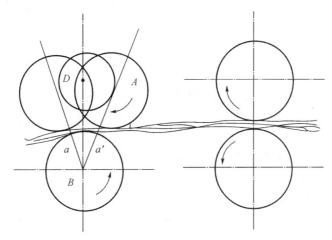

图 5-15　偏心罗拉的钳口移动

② 下罗拉表面速度不匀。下罗拉表面速度不匀,意味着罗拉间牵伸倍数经常变化,影响纺出纱条不匀。造成下罗拉表面速度不匀的主要因素有下罗拉的偏心和弯曲,车头传动齿轮的偏心、磨损、啮合不良,车头传动齿轮小,轴承间磨损过多,罗拉振动。

以上诸因素中,以罗拉振动影响下罗拉表面速度不匀最为严重。产生罗拉振动的原因是罗拉安装不良,回转阻力经常变化,如轴头有纤维杂质阻塞,以及罗拉的动刚性不足,产生扭转变形或弯曲变形。

③ 钳口对纤维运动控制不稳定。在牵伸过程中,罗拉钳口应稳定有效地控制纤维,使纤维规律地从罗拉钳口抽出。但往往由于罗拉加压不足,或皮辊回转摩擦阻力大,罗拉钳口对纤维运动控制不稳定,使纺出麻条不均匀。这种不均匀很少有规律,而且每次滑溜发

生时间很短促,造成短片段不匀。

④ 皮圈工作不良。为提高细纱牵伸倍数并获得优质麻纱,使用皮圈牵伸装置时,必须保证皮圈工作运转正常。但在实际生产中,由于皮圈抗弯刚度有差异,皮圈与销子间摩擦阻力有变化,使皮圈工作不稳定,从而影响皮圈控制作用的稳定性,尤其在皮辊钳口处引起钳口压力波动,影响成纱条子。

皮圈速度的稳定程度通常用皮圈速度不匀率表示。皮圈速度不匀是指皮圈工作面上任一点的速度对时间的变化。皮圈速度不一致,即产生滑溜。皮圈滑溜率 ζ 的计算公式如下:

$$\zeta = \frac{1 - V_T}{V_B} \times 100\%$$

式中:V_T——上皮圈速度,cm/min;

V_B——下皮圈速度,cm/min。

影响皮圈速度不匀与皮圈滑溜的主要因素是罗拉加压及皮圈机械性质。

此外,中间摩擦力界机构不稳定,如针排缺针等,也会造成麻条不匀,这将在后文中具体讨论。

(3) 罗拉牵伸形成的纱条不匀。在机械状态完全正常时,牵伸后麻条上仍存在条干不匀现象,它与机械状态无关,是由罗拉牵伸过程所形成的,称为牵伸波。罗拉牵伸波的波长、波幅与牵伸倍数、罗拉隔距有关。牵伸倍数、隔距大,都会使波长及波幅增大。由于麻条经过反复的并合,原来的波形拉长,同时产生新的波,且相互叠合,因而形态复杂。

罗拉牵伸波形成的主要因素是牵伸区中纤维运动不正常。引起浮游纤维引导力与控制力波动的因素有纤维性质差异(如长度、细度、表面摩擦因数等),摩擦力界分布的波动性,喂入麻条的结构与密度不匀等。

尽管牵伸波的波形和影响因素比较复杂,但在生产中可以用简单的方法把不匀的原因找出来。如粗纱、麻条可用条干均匀度曲线进行分析,细纱条干除用黑板检验外,还可用波谱图进行分析,找出影响条干均匀度的原因,加以改进。

在并条中,除了牵伸过程不良造成麻条不匀外,麻条在运送时都受到一定的张力,如果张力不当或麻条运动受阻而引起张力增加等,都会给麻条引进附加不匀,如处理不当,这种不匀有时会占很大比例。

工艺过程不良的因素中,还有操作法及温湿度不当等,也应充分注意。

二、 麻条的并合

(一)并合的实质

麻条喂入时,无论是轻重搭配的麻条,还是亚麻与其他纤维混纺,一般采用间隔配置的方式,如图 5-16 所示。这种喂入方式既有利于麻条均匀,又有利于纤维混合。

在亚麻并条机上,是利用并合板进行并合的,其实质如图 5-17 所示。利用并合板并合,前罗拉送出的麻网上横向各点到达并合点的时间和距离不同,使原来处于同一横向各点的纤维分布到麻条的较长片段上,使麻条通过并合达到均匀。

（二）并合与牵伸的关系

在并条中，并合与牵伸往往同时进行，并合可以弥补麻条的不匀，但会使麻条变粗，增加了牵伸负担。牵伸可将麻条拉细，然而又会引起麻条的附加不匀，附加不匀随牵伸倍数的增加而增加。因此，对麻条的均匀度来说，增加并合数，对较长片段的均匀度是有帮助的，对于控制支数不匀、支数偏差有好处，然而增加牵伸倍数对麻条短片段均匀度不一定有效，因此，并合时必须考虑牵伸倍数对麻条不匀率的影响。

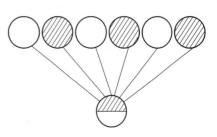

图 5-16　间隔配置的麻条喂入法

在亚麻纺纱中，并条工序的作用，一方面是提高麻条的均匀度，另一方面是担负拉细麻条的作用，所以每道并条机的牵伸倍数均大于并合数。因此，牵伸引起的附加不匀大于并合能提高的麻条均匀度。

并合只有在下列情况下采用才是有利的：首先是喂入半制品的均匀度较差；其次是并合牵伸过程中纤维控制良好，在较大的牵伸倍数下牵伸的附加不匀较小，不会使麻条的均匀度恶化。

三、针排机构的作用

（一）附加摩擦力界的作用

根据摩擦力界分布的理论要求，仅由两对罗拉组成的摩擦力界分布并不能良好地满足控制纤维运动，减少

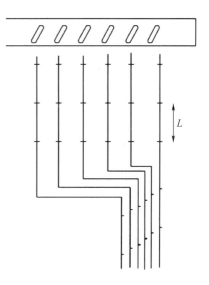

图 5-17　并合板的并合示意

附加不匀的要求。因此，需要在亚麻纺纱中应用附加摩擦力界机构。

一方面，由于亚麻工艺纤维的长度、整齐度较差，因此，前、后罗拉隔距较大，所以大部分纤维的浮游路程都较长。另一方面，由于罗拉隔距较大，由两对罗拉建立的摩擦力界扩展到牵伸区中部时，强度已很弱，甚至在牵伸区中较长一段距离内，摩擦力界主要依靠纤维之间的抱合力建立。因此，如果两对罗拉间不采用任何措施，浮游纤维的运动不能得到很好的控制，则麻条经牵伸后很难达到一定的品质要求。这就是目前亚麻纺纱中应用附加摩擦力界机构的原因。

附加摩擦力界一般通过在牵伸区中间增设专门的中间机构而建立。中间机构应满足以下要求：

（1）增加中间机构后，要使整个摩擦力界分布应符合理论要求，即它所建立的附加摩擦力界既要发挥高度控制纤维运动的威力，又不能阻碍快速纤维的运动。

（2）增加中间机构后，牵伸力所形成的张力在中间机构前后的分配有所不同。在这种情况下，存在于麻条各部分的力应具有适当的数值，而且保持稳定。这就要求中间机构建立的摩擦力界分布稳定，而且在一定程度上允许麻条通过中间机构传递适当的张力。

（3）采用中间机构的主要目的之一在于控制浮游纤维的运动，使纤维变速点尽量向前

钳口靠拢,并且分布稳定,如果采用的是运动的中间机构,其运动速度应与后罗拉速度接近。

(4)中间机构的使用有利于防止牵伸过程中纤维的扩散,使纤维能得到很好的引导,并稳定地变速。

(二)针排牵伸机构所产生的附加摩擦力界分布

在亚麻纱并条工艺中,一般都采用针排作为中间机构的牵伸装置。如图5-18所示,纤维从后罗拉钳口出来后就被上升的针排刺入。

针排的宽度比麻条的宽度大,于是整个麻条都刺入针内,每块上升的针排向前运动的速度和后罗拉速度接近,所以进入针内的麻条及其中的所有纤维都在针排的引导下,以接近后罗拉的速度向前运动。针排把麻条运送到前钳口附近后,从麻条中降落,并向后回走,以便继续工作。

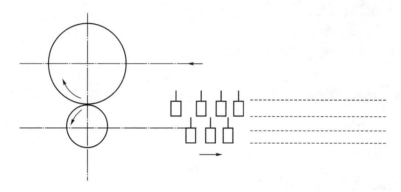

图 5-18　针排牵伸机构作用示意

针排产生摩擦力界分布的原因有两方面:一方面,部分纤维直接与钢针接触,相对于钢针有某个角度的包围,因而产生摩擦力,其所形成的摩擦力界分布称为外摩擦力界;另一方面,针排上钢针插入麻条后,使纤维压缩密集,因而纤维间产生压应力,并形成摩擦力,其所形成的摩擦力界分布称为内摩擦力界,如图5-19所示。

若麻条原来的宽度为a,钢针的直径为d,经压缩后,麻条的宽度变为$b=a-d$。如果a/b越大,则钢针给予纤维的摩擦阻力越大。

中间摩擦力界范围取决于针排区控制的长度,而中间摩擦力界的强度则和钢针粗细、植针密度、麻条粗细及其在针间的位置有关。

针排牵伸机构的摩擦力界分布如图5-20所示,针排建立的附加摩擦力界呈波浪形,这是由于钢针直接作用地方的压应力较大,而两块针排之间的压应力较小。这种摩擦力界分布向前逐渐减弱,由于牵伸区内纤维数量逐渐减少,因而压应力越来越小。

针排机构建立的摩擦力界分布有以下特点:

(1)摩擦力界分布符合理论要求,在牵伸区后方,能有

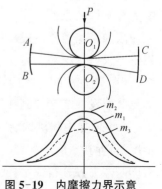

图 5-19　内摩擦力界示意

效地控制浮游纤维,快速纤维可任意滑出,而在牵伸区的前方,摩擦力界分布逐渐减弱,快速纤维不会过早夺取浮游纤维。

（2）摩擦力界分布基本上是稳定的。由于牵伸区内始终有固定数量的针排在作用,只要喂入麻条本身没有很大的不匀,则建立的摩擦力界就不会有很大的波动。在牵伸区的前方,由于针排在其最前方交替降落,该处的摩擦力界分布产生周期性波动。

（3）由于针排以接近后罗拉的速度运动,能达到控制浮游纤维、使其变速点分布向前钳口集中且稳定的要求。

（4）纤维在针排引导下直达前罗拉钳口附近,可防止牵伸作用引起的纤维扩散现象,同时完成横向控制纤维的作用。

（5）由于针排对麻条的作用较大,而喂入麻

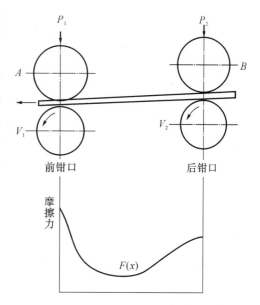

图 5-20　摩擦力界分布示意

条线密度很低,故前钳口常发生握持力小于牵伸力的现象,特别是当喂入麻条线密度很低、麻条中纤维杂乱、前罗拉压力不足时,易出现"硬头"现象。

牵伸机构中的针排使摩擦力界更趋合理,纤维运动更合理,也更有规律,因而有利于牵伸机构牵伸效能的提高,从而改善麻条品质。

除了针排以外,建立附加摩擦力界的形式还有很多种,如采用轻质辊、皮圈等,它们各有特点,应视工艺条件等因素灵活应用。

四、影响并条质量的因素

（一）原料

如果生麻条的均匀度较差,则并条后麻条的不匀率较大。

如果选用梳成麻号高、分裂度高、纤维长、含杂少且强力高的纤维纺纱,则并条后的麻条品质好,线密度不匀率及短片段不匀率都较低。

另外,在配麻时,只有严格执行配麻原则,才能保证并条后熟麻条的线密度稳定。在成条机上,铺麻质量直接影响细纱质量,每米长度上的铺麻质量可按下式计算:

$$T = mg/v$$

式中:T——成条机每米长度上的铺麻质量;

　　g——每束麻的质量,一般在 50 g 左右;

　　v——成条机喂麻皮带速度,m/min;

　　m——每分钟铺上的麻束数。

麻束与麻束的叠合长度(搭头):

$$L = l + s$$

式中：L—— 麻束与麻束的叠合长度；

l—— 麻束长度，cm；

s—— 每束麻应占有的铺麻长度（$s = v/m$），cm。

在亚麻纺纱中，轻重搭配也是一个很重要的问题。生麻条头道并条，必须按其喂入数配组。把轻重麻条分配在一个组里，即避免轻配轻、重配重，以保证喂入纱条的均匀，提高纱条的并合效果。

（二）工艺

（1）牵伸倍数。牵伸倍数，与麻条品质有直接关系，所以牵伸倍数的选择应适当。如果牵伸倍数增加，则附加不匀率也增加。牵伸倍数降低，虽可相应减小附加不匀，然而增加了后续工序的牵伸负担，特别是增加了细纱机的牵伸负担，对细纱机产品质量有影响。

各道并条机之间的牵伸倍数的分配有两种方式：一种是由大到小；另一种是由小到大。目前实际生产中采用由小到大的方式，即各道牵伸倍数逐渐增加，这是由于开始时麻条中的纤维不够平行伸直，若采用较大的牵伸倍数，纤维易断裂，同时会产生较大的附加不匀。

另外，牵伸倍数的选择还要考虑以下因素：

① 麻条定量应该是逐道减小。对同一机台而言，以保证牵伸倍数大于并合数为好。对各道并条机而言，如果是螺杆式并条机，应逐渐增大牵伸倍数；如果是推排式并条机，应逐渐减小牵伸倍数。

② 要平衡各道并条机的前后供应。在亚麻纺纱中，一般采用一套并条机供应一台粗纱机的配置。为保证正常生产，要求在同一时间内，随着麻条变细变轻，其总长度要增加。为此，对每台机器都要计算引出速度，对前后道机台则要计算供应率。供应率一般控制在115%左右。

③ 针板的纤维负荷不能太大。针板负荷太大，不仅易损坏钢针，而且会引起浮针现象，影响麻条质量。生产中，对针板的负荷要求如下：

在螺杆式并条机上，纺长麻时不超过 0.006 g/cm³，纺短麻时不超过 0.05 g/cm³，纺粗麻时不超过 0.045 g/cm³；在推排式并条机上，纺长麻时不超过 0.05 g/cm³，纺短麻时不超过 0.045 g/cm³，纺粗麻时不超过 0.035 g/cm³。

④ 机台的牵伸效率。牵伸效率与机台状态、纤维性状、加压罗拉的压力及其表面状态等因素有关。亚麻并条机的牵伸效率范围为 0.97～1.02。并条机牵伸倍数的具体选定如下：

在螺杆式并条机上，纺长麻时应选 8～12 倍，纺短麻时应选 4～7 倍；在推排式并条机上，纺长麻时应选 4～6 倍，纺短麻时应选 3～5 倍。

（2）麻条单位号数。麻条单位号数是指产品单位宽度上的麻条号数，它是衡量牵伸罗拉对所握持纤维制品厚度的指标，可用公式表示如下：

$$N_t = N/B$$

式中：N_t—— 麻条单位号数；

N——牵伸罗拉下的麻条号数；

B——牵伸罗拉下的麻条宽度，即牵伸引导器宽度，cm。

由此可知，N_t 大表示牵伸罗拉下的麻条厚，纤维易分层，且罗拉在纤维上打滑；N_t 小表示牵伸罗拉下的麻条薄，影响牵伸力，所以纤维易缠皮辊罗拉。为此，规定并条机的 $N_t=555\sim888$。生产中可通过改变牵伸引导器宽度来达到。

单位号数与针排纤维负荷量有关，单位号数大则单位针排纤维负荷量大，反之则针排纤维负荷量小。

针排纤维负荷量直接影响输出麻条的质量和生产效率。单位号数过大，即针排纤维负荷量过大，易造成纤维浮游在钢针上失去控制，形成超针现象，从而使纤维运动不规则，造成麻条条干不匀；过大的针排纤维负荷量还会使针排受力过大，易引起机器故障，影响生产效率。如针排纤维负荷量过低，纤维能得到钢针的良好控制，但会影响下道工序的供应和整个生产线的生产能力。

（3）纤维的回潮率与空气湿度。在生产中，由于纤维与纤维间、纤维与针排间的摩擦，以及罗拉打滑产生的静电，带同性电荷的纤维相互干扰、排斥，影响牵伸过程中纤维的运动，使得麻条松散，纤维散失，断头增加，麻条品质恶化，带异性电荷纤维相互吸引，又会使纤维缠绕于罗拉上，导致生产不能正常进行。

减少纤维静电的有效方法之一，是保持适当的纤维回潮率和车间温湿度。但当纤维回潮率和车间温湿度过高时，纤维会缠绕于罗拉上，同时易使机器特别是针排等机件生锈。因此，纺亚麻纱时，并条工序的纤维回潮率要求为 $14\%\sim16\%$，车间相对湿度为 $55\%\sim65\%$。

（三）机器

（1）机器结构。

① 螺杆式梳箱机构的针排运动是借助螺杆回转作用实现的，它生产的麻条质量好，不易产生麻粒子。但由于它的针板速度受到导头打击次数的限制，不能太高，因此它的产量稍低。推排式梳箱机构的针排运动是回转式的，主要靠针排的相互推动，因此它的产量高，但它的缺点是梳理质量差，且易产生麻粒子。

② 重针排螺杆式（交叉式）与单针式（开式）相比较，重针排有以下优点：

a. 每个针面之间的隔距可分置成前后区，即呈喇叭口形，喂入处大而输出处小。

b. 避免纱条喂入较多时产生超针现象。

c. 无控制区的距离小，对纤维运动的控制更有利。

d. 针板的线速度可略低于后罗拉。

e. 具有保持作用，不使飞花、短绕、杂物等落入针排上的纤维中，对减少含尘纱有利。

③ 针排运动。

a. 针排运动速度。对于推排式针板，运动速度可达 100 m/min。对于螺杆式针板，打击频率达 $60\sim600$ 次/min，针排运动速度为 $60\sim100$ m/min。

b. 针板运动中针的角度。针板上的针应垂直插入纤维，因此要求后面的针稍微后倾，而前面的针稍前倾，以使纤维易抽出。

c. 针板降落时的相对停顿。这是指针排降落过程中，相对于其水平速度，在纱线中停顿的时间（可用路程量度）。停顿时间短，说明针排走出麻条的时间短。相对停顿带来的后果是对牵伸影响很大。因为本来均衡向前罗拉运动的纤维，在针排走出麻条时，被阻止向前，使其前面部分在纱条上形成细节，而后面又出现粗节。因此，它是一个周期性现象，将给纱条带来粗细节。

影响相对停顿的因素：

a. 螺杆式：因垂直速度（即降落速度）10 倍于水平速度，相对停顿时间短，双头停顿时间比单头多一倍。

b. 推排式：因垂直速度与水平速度接近相等，故停顿时间长，且针在走出纱条时会发生把纤维带走的现象。

④ 无控制区域。在牵伸装置中，最前针排与牵伸罗拉钳口线的相对空间距离称为无控制区域，在该区域，不存在有效摩擦力界，因此，短纤维不能得到良好的控制。无控制区范围对麻条质量有很大影响。为了尽可能减少无控制区，一般采用小直径的大罗拉，并使上罗拉向前倾斜。

（2）罗拉与皮辊。罗拉与皮辊是牵伸装置的主要部件。在亚麻纺纱中，为减少无控制区对麻条不匀的影响，一般选用较小直径的前下罗拉，甚至将一只前下罗拉改为两只更小的前下罗拉。但是，罗拉太小会影响机台的生产效率。所以罗拉直径必须恰当。目前，并条机采用的罗拉直径为 45 mm。

为了使罗拉钳口准确地握持纤维，皮辊要承受较大的压力，而且它能使压力均匀地传播到钳口内的纤维上。在亚麻纺纱中，皮辊的直径总是比金属下罗拉大，且都采用软木或牛皮作为包覆物。

（3）皮辊加压机构。皮辊加压是为了保证钳口具有足够的握持力，这样才能防止皮辊在纤维上打滑和使纤维分层。

目前，在亚麻纺纱中采用的皮辊加压形式有三种：重锤加压（又称杠杆加压）、弹簧加压和空气加压。

第六章　长纤维麻条的制取

第一节　打成麻的物理性能

一、强度

纤维抵抗拉伸负荷的能力叫作强度。一般来说,强度越大,纤维质量越好。反之,强度越小,纤维质量越差。强度是表征纤维质量优劣的最主要指标,因为纤维强度决定着纺纱过程的稳定性和细纱的强度。

二、可挠度

亚麻纤维的可挠度是指纤维受弯曲力作用时能产生弯曲变形,去掉这种外力,纤维回复其原来状态的性能。可挠度也叫柔软性,反映了打成麻的柔软程度,它与亚麻的生长过程及浸渍工艺有密切关系。可挠度越大,可纺性能越好,断头率就越低,成纱可挠度也越大,织出的布越柔软。亚麻纤维的可挠度可在纱线捻度试验机上进行测试,以平直的一束麻纤维加捻到断裂所需的回转数表示,回转数越大,表示纤维越柔软。只有用可挠度适当的纤维纺制细纱,纺纱过程才能很顺利地进行。

三、分裂度

亚麻纤维的分裂度是根据一定长度和质量的纤维根数决定的,它其实指工艺纤维的粗细程度,与单纤维无关。原麻中单根纤维越细,纤维的质量越好,即纤维的可纺性越好。只有用细的纤维才能纺出横截面含有大量纤维、细而柔软的细纱。但由于采用工艺纤维纺纱,在亚麻纺中,不是测定纤维细度而是测定纤维的分裂度,取决于亚麻的初加工工艺及亚麻的收获期。

四、长麻与短麻的物理性能比较

根据亚麻纤维的长度、结构和性能,经栉梳机梳理后的亚麻纤维可分为长而平行的梳成长麻和短而乱的机器短麻。

由这两种亚麻纤维的物理性能(表6-1)可知,长麻纤维的断裂强度、可挠度及分裂度都比短麻纤维大,因此,长麻的可纺性好,成纱的质量高。

表6-1　亚麻纤维的物理性能

纤维的性能指标	梳成长麻	机器短麻
纤维长度(mm)	400～600	100～200
麻束长度(cm)	45～85	—
分裂度(tex)	1.4～3.3	1.2～4
270 mm×420 mg 麻条强力(N)	80～402	140～372
单纤维断裂强度(mN/tex)	50～70	30～50
可挠度(mm)	30～90	
抗弯曲次数	1 100～5 000	
纤维间摩擦因数	0.23～0.26	0.23～0.26
纤维与机器部件间摩擦因数	0.11～0.12	0.11～0.12

第二节　成　条　机

　　成条机是亚麻长麻纺纱系统中第一道工序的机器。成条工序的任务是将一束束尚未完全具备纺纱性能的梳成长麻用手工分束并铺制成连续不断的、一定粗细的长麻条。通过牵伸、并合,长麻条变细,其均匀度改善。利用牵伸部件及牵伸附加部件(针排),将粗纤维分劈成细纤维。对下机麻条,定长度,定筒重,并配组,为下道工序做准备。

　　成条的工艺过程在将梳成长麻转变为细纱的过程中起着决定性作用,俗话说"细纱是在成条机上纺制成的"。另外,梳成长麻的配麻也在成条机上完成。由此可见成条工序在亚麻纺纱中的重要性。

　　成条机必须具有两个基本条件:一是梳成麻麻束在成条机上排列时,可以互相重叠一段长度;二是成条机本身具有使纤维相互移动的能力,即牵伸的能力。

一、成条机的工艺过程

　　成条机工艺过程如图6-1所示。工人站在喂麻台的两旁,将麻束按规定要求均匀地铺放在六根(有的机台为四根)喂麻皮带1上。铺放时,使每束新放的麻束前端均匀搭在前一个麻束的末端上面,这样可形成厚度比较均匀的麻层。由喂麻皮带输入的纤维层经过喂入引导器2,麻层初具所需宽度后,进入一对喂麻罗拉3。下喂麻罗拉以顺时针方向转动,上喂麻罗拉以逆时针方向转动,将纤维导向针排4。纤维在针排区得到梳理、分劈,清除掉残留的麻屑。针排区的针排由螺杆转动而推向前方,这时纤维经过牵伸引导器5后,即被一对牵伸罗拉6握住,由于针排速度接近喂麻罗拉,而牵伸罗拉速度大大高于喂麻罗拉,所以纤维被牵伸罗拉引出时麻条变细。六根变细的麻条从牵伸罗拉引出后,被导向有切口的并合板

7,切口呈45°。每根麻条进入其后面的切口中,然后转一个直角,在并合板上进行并合,得到细而均匀的麻条,经过一对出麻罗拉10,麻条由出条导条器9引出,通过淌条板11,被送入麻条筒12。当麻条需要加湿给乳时,在出麻罗拉的前方同时进行加湿给乳。当麻条纺到规定长度时,由满筒自停装置使机台停转。

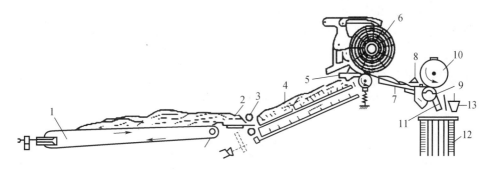

1—喂麻皮带　2—喂入引导器　3—喂麻罗拉　4—针排区　5—牵伸引导器　6—牵伸罗拉　7—并合板
8—隔距调整器　9—出条导条器　10—出麻罗拉　11—淌条板　12—麻条筒　13—压条器

图6-1　成条机工艺过程示意

二、成条机的结构及作用

(一)喂入机构及其作用

喂入机构由铺麻皮带、铺麻皮带传动辊及引导器组成。它的作用是使梳成麻麻束按工艺要求铺放后喂给机器,并将铺好的麻条送入牵伸机构,使其受牵伸时被握持。

(二)牵伸机构及其作用

该机构由牵伸罗拉、喂入罗拉、针排机构及罗拉加压机构组成。牵伸罗拉由一根金属下罗拉和一根由弹性材料制成的加压上罗拉组成。喂入罗拉由两根金属罗拉组成。针排机构由上行螺杆和下行螺杆及许多块针板组成。

牵伸机构的主要作用是使麻条均匀地伸长变细。为满足这个要求,要使组成麻层的纤维做纵向位移,并减少麻层横截面中的纤维根数,把送入的纤维层拉细。牵伸罗拉除了必须具有比喂入罗拉大的线速度外,还必须具有足够的摩擦引导力,因此,要在牵伸罗拉上安装罗拉加压机构,成条机上采用杠杆式加压装置。

(1)杠杆式加压装置。如图6-2所示,当偏心盘大半径向下,即偏心盘杆14向下移动时,加压钩12、平板11、齿杆8均向下移动。弹簧垫圈10通过

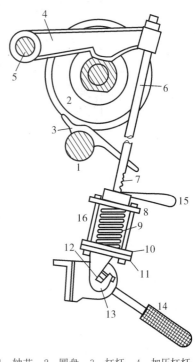

1—轴芯　2—圆盘　3—杠杆　4—加压杠杆
5—轴芯　6—加压杆　7,8—齿杆　9—弹簧
10—弹簧垫圈　11—平板　12—加压钩
13—偏心盘的偏心凸轮　14—偏心盘杆
15—制动钩　16—滑杆

图6-2　杠杆式加压装置示意

弹簧内套筒与制动钩 15 连在一起,而齿杆 7 固定不动,使弹簧压缩,对罗拉进行加压。改变制动钩和齿杆 7 的啮合位置,可调节罗拉上的压力。将偏心盘杆上抬,罗拉上的压力即被解除。

(2) 针排机构。喂入罗拉与牵伸罗拉之间的距离不能小于组成麻层的纤维长度,否则纤维会被喂入罗拉和牵伸罗拉同时钳住,因而纤维被拉断。但是,喂入罗拉与牵伸罗拉之间的距离过大,会使喂入罗拉送来的纤维不能被牵伸罗拉抓取,从而在两个罗拉之间产生浮游纤维,造成麻条不均匀。为了解决这个问题,在喂入罗拉与牵伸罗拉之间安置一个针排区。针排区能建立一个摩擦力区。针排上的梳针自上而下刺入喂入罗拉输出的麻条中,并向牵伸罗拉方向移动,控制那些长度短于喂入罗拉与牵伸罗拉之间隔距的纤维。

有了针排区,在纤维的牵伸机构中,纤维的平行程度得到改善,并从纤维中除去残余的麻屑。

针排接近牵伸罗拉时,针排上的梳针便从麻条中退出,完成其任务。

针排机构可分为螺杆式和推排式两种。图 6-3 所示为螺杆式梳箱机构,由针排、螺杆、导板、压板、缓冲器及安装于螺杆头端的凸轮组成。

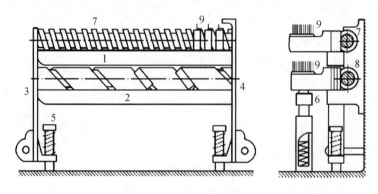

1,2—导板　3,4—压板　5,6—缓冲器　7,8—螺杆　9—针排

图 6-3　螺杆式梳箱机构

针排的运动是由螺杆作用实现的。上、下螺杆的回转方向相反,下螺杆做顺时针方向回转,上螺杆则做逆时针方向回转,使得针排沿着螺杆方向循环运动。上、下螺杆的节距不同,下螺杆的节距大于上螺杆。当针排运动至上螺杆的头端时,固装在螺杆上的凸轮将针排过渡到下螺杆上,并随下螺杆连续运动。为了使针排平稳地自上螺杆过渡到下螺杆,或由下螺杆过渡到上螺杆,在针排两旁导板的前后端都装有弹簧缓冲压板,3 为前端压板,4 为后端压板。当针板在上螺杆中运行至前端时,遇到弹簧缓冲压板 3 的缓冲作用,并随 3 的上端平滑地下降至下螺杆中。当针排由下螺杆过渡到上螺杆时,弹簧缓冲压板 4 使针排支持在上导板的后端,被上螺杆带向前。为缓冲针排自上螺杆过渡到下螺杆的下降力,下螺杆的下面装有缓冲器 6。针排的上下运动是靠凸轮的打击来完成的。

(3) 牵伸罗拉与皮辊。罗拉与皮辊是牵伸装置的主要部件,罗拉直径应适当。在针排式牵伸装置中,为了使罗拉钳口准确地握持纤维,上罗拉上有很大的压力,这个压力又完全传递到下罗拉。为防止罗拉弯曲变形,罗拉必须具有适当尺寸。

为使罗拉与皮辊较好地握持麻条,除加压外,必须增加罗拉与皮辊之间的摩擦作用。因此,罗拉表面经过热处理并具有沟槽,这样可以使速度较准确地由下罗拉传递给上罗拉。罗拉要求无偏心,表面圆整,径向跳动小,磨损不显著。在亚麻纺中,皮辊和罗拉均易缠绕纤维,而且皮辊上缠绕纤维更多。为减少纤维缠绕及纤维缠绕后易于处理,皮辊尺寸不宜太小。

皮辊表面必须具有相当大的摩擦因数,保证罗拉钳口准确地握持纤维,同时皮辊表面必须富有弹性,使其变形后能迅速回复原状,所以表面必须有包覆物。

（4）针排机构中的针和针板。亚麻纺纱中,针排机构都使用钢针,钢针应垂直插入纤维,因此要求后针稍后倾,而前面的针稍前倾,以便于钢针插入纤维后对纤维进行良好的控制、梳理及纤维抽出而不损伤纤维。针板上的纤维负荷不能太大,太大不仅会损伤钢针,还会引起浮针现象,影响麻条质量。钢针要求锋利,光滑耐磨,针面平整,这样才能使针齿穿刺和抓取纤维的能力强,梳理作用好,针上不易挂纤维,纤维转移顺利。

（三）圈条器及其作用

圈条器的作用是使麻条筒以一定速度回转,让输出的麻条以一定圈形叠铺在筒内,以增加麻条筒的容量。

（四）压条器及其作用

压条器的作用是不断地压缩麻条筒内的麻条,以增加麻条筒内的麻条容量。

（五）麻条测长器及其作用

麻条测长器可使工人掌握铺麻情况,用以调节操作,当麻条筒纺完规定的长度时,能发出信号,工人可及时换筒。

（六）麻条的给乳装置及其作用

牵伸后的麻条由输出罗拉引入麻条筒内,给乳装置即对麻条进行适当给乳,使麻条的回潮率、含油率适当提高,以便改善细纱品质,降低细纱断头率。

（七）横动装置及其作用

在成条机的下牵伸罗拉前端装有横动装置,它能使麻条在牵伸罗拉上缓慢移动,让麻条与金属罗拉的接触面变动位置,以避免局部磨损,延长牵伸罗拉的使用寿命。

三、 麻条的并合原理及过程

并合是把两根或两根以上的同一种半制品或不同品种的半制品沿着长度方向平行叠合,成为一个整体的工艺过程。

通过并合,产品的均匀度(不论是短片段还是长片段)会得到改善。当把几根麻条并合时,一根麻条粗的地方常会和另一根麻条细的地方或者粗细正常的地方相并合,所以并合后麻条的均匀度会得到改善。仅在很少的情况下,相邻的麻条上粗的地方和粗的地方相并合,细的地方和细的地方相并合,此时麻条的均匀度不会改善,但也不会变差。通过并合,还可混合麻条中的纤维。

麻条的并合数(根数)越多,则各根麻条间粗的地方与细的地方相并合的机会越多,反之,麻条粗的地方和细的地方相并合的机会越少,所以改善产品均匀度的效果越好。

在一般纺纱工程中,并合麻条的线密度(支数)都是相同的。线密度由于牵伸罗拉钳口不能很好地同时控制粗细差别很大的麻条,因此,不同线密度的麻条并合会造成纱条条干不匀。

现以两根线密度相同的麻条并合为例,说明并合过程的均匀作用。设:

σ_0——麻条并合前的线密度均方差;

C_0——麻条并合前的线密度变异系数;

M_0——麻条并合前的线密度平均数;

σ_1——麻条并合后的线密度均方差;

C_1——麻条并合后的线密度变异系数;

M_1——麻条并合后的线密度平均数,它等于并合前麻条线密度平均数的两倍。

则有:

$$M_1 = 2M_0 \tag{6-1}$$

根据数理统计

$$\sigma_1 = (\sigma_0^2 + 2\sigma_0^2 r + \sigma_0^2)^{1/2} = \sigma_0 [2(r+1)]^{1/2} \tag{6-2}$$

式中:r 为相关系数,表示两根麻条并合时,其细度之间的关系,$-1 \leqslant r \leqslant 1$。

因为

$$C_1 = (\sigma_1 \times 100)/M_1 = (\sigma_1 \times 100)/2M_0 \tag{6-3}$$

得:

$$\sigma_1 = \frac{2M_0 C_1}{100} \tag{6-4}$$

$$C_0 = (\sigma_0 \times 100)/M_0 \tag{6-5}$$

得:

$$\sigma_0 = \frac{M_0 C_0}{100} \tag{6-6}$$

将式(6-4)、式(6-6)代入式(6-2),得:

$$C_1 = [(1+r)/2]^{1/2} C_0 \tag{6-7}$$

当 $0 < r \leqslant 1$ 时,麻条的粗段碰粗段,细段碰细段,称为正相关;当 $r = 1$ 时,称为完全正相关,即并合片段的质量或粗细完全相等,则 $C_1 = C_0$,就是说并合后与并合前的不匀率相同,这种是最不理想的情况。显然,只有在两根麻条具有相同波长的周期性不匀,而且相位一致时,才有可能。

当 $-1 \leqslant r < 0$ 时,麻条的粗片段碰细片段,称为负相关;当 $r = -1$ 时,称为完全负相关,即并合片段的质量消长的量正好相同,一根粗多少,另一根就细多少,则 $C_1 = 0$,就是说并合后的麻条得到了完全的均匀。显然,在实际生产中,这种情况是不可能出现的,只有在

两根麻条具有相同波长的周期性不匀，而且相位差半个周期时，才有可能。

当 $r=0$ 时，重合的片段没有任何相互依赖关系，即粗片段与细片段任意相碰，称为无相关，则 $C_1=(1/2)^{1/2}C_0$，并合后麻条的均匀度有一定程度的改善。在实际生产中，最常见的就是这种情况。

$n(n \geqslant 4)$ 根麻条的并合效果，如果 n 根麻条的线密度相同，它们之间的相关系数相等，都等于 r，则根据同一原理，可得到并合后的质量不匀率：

$$C=\sqrt{\frac{1+(n-1)r}{n}}\,C_0$$

当几根并合麻条之间的 $r=0$，即无相关时，则 $C=(C_0/n)^{1/2}$

从上面的数理统计分析看，为了充分发挥并合的均匀作用，应力求并合麻条的细度接近负相关，所以在纺纱实践中必须做好搭配工作。总之，除正相关并合外，并合后的纱条不匀率在一定范围内总是比并合前有所改善。

在亚麻纺纱中，并合的过程除了在半制品喂入时产生外，还在麻条输出前的并合板上发生。

四、 麻条的并合方法

在并条机上，采用机前或机后并合两种方法。由于牵伸与并合起着相互制约的作用，所以采用先并合后牵伸，还是先牵伸后并合，是一个值得研究的问题。

（1）先并合后牵伸的纱条不匀率：

$$C_a=\frac{C_0^2}{n^{1/2}}+C_{D1}^2$$

式中：C_a——先并合后牵伸的纱条总不匀率；

C_0——并合前的纱条不匀率；

C_{D1}——牵伸引起的牵伸不匀率；

n——并合根数。

（2）先牵伸后并合的纱条不匀率：

$$C_b^2=(C_{D1}^2+C_{D2}^2)/2$$

式中：C_b——先牵伸后并合的纱条总不匀率；

C_{D2}——牵伸引起的牵伸不匀率。

当 $C_{D2}=C_{D1}$ 时，则 $C_a>C_b$，所以在一般情况下，都采用先牵伸后并合的方式。先并合后牵伸，会增加针排中纤维负荷量，容易产生超针现象，破坏牵伸过程中纤维运动的规律性，恶化麻条品质，但机宽可以减少一半左右，有利于减少机器的占地面积，所以具体的工艺方式要视产品质量及工艺要求等确定。

除了采用并合的方式改善麻条的均匀度外，还应用自调匀整装置来提高麻条的均匀度。自调匀整装置能根据喂入或输出麻条的单位质量差异，自动改变牵伸倍数，即在麻条较粗时加大牵伸,较细时减少牵伸,从而使麻条的单位长度质量保持稳定。自调匀整技术的应用对改进产品质量,提高劳动生产率,缩短工艺过程,都有重大意义。

第三节　并　条　机

一、并条的目的及配组

1. 目的

不论是成条机制成的长麻麻条,还是联合梳麻机制成的短麻麻条,统称为生麻条。生麻条的结构存在以下缺点:

第一,生麻条中纤维的平行伸直程度还较差,存在不少弯钩纤维,这对成纱极为不利。

第二,生麻条的长片段不匀。

第三,生麻条的细度还不能满足细纱机纺成细纱所需的牵伸能力要求。

(1) 用并合的方法改善条子的长片段不匀,将若干根(一般 4～6 根)麻条或其他条子并合(即随机叠合),使条子的粗细段有机会相互重合。

(2) 用牵伸的方法将喂入品拉细,以达到成纱所要求的细度。

(3) 用牵伸的方法改善麻条中纤维的平行伸直程度,尽可能地消除弯钩纤维,提高纤维的伸直度和分裂度。

(4) 用反复并合的方法进一步实现工艺纤维的混合,以提高麻条结构均匀度,尤其对亚麻与其他纤维混纺来说,可保证混合成分均一,稳定成纱质量。

(5) 进一步分劈和梳理纤维,即把粗的工艺纤维分劈成较细的工艺纤维,梳去细小的杂质和去除一些短纤维。

(6) 将麻条制成适当的卷装,便于后道工序使用。

经过并合的麻条,称为熟条。

2. 配组

成条机的下机麻条,其长片段的条重是相当不均匀的,不匀率高达 10% 左右。如果直接将成条机的下机麻条上并条机,会造成同一台并条机的眼与眼之间输入长片段严重不匀,即使经过 4～5 道并条机的反复并合,从末道并条机眼与眼之间输出的麻条长片段不匀率仍然很高,如果用来纺制细纱,会造成细纱的强度和条干严重不匀。因此,为了降低同一台并条机眼与眼之间的条重差异,亚麻纺中将成条机的下机麻条筒采用分组搭配的方法(俗称配组)。具体操作是对成条机的下机麻条标定每筒的统一标准长度及质量范围,并制订出相应的技术要求。按头道并条机的并合数,将成条机的下机麻条筒按每筒质量工艺标准范围搭配编组(如零号并条机并合数为 6 并,即为 6 筒一组)。生产中一般规定,每组之间的总质量差异不大于 ±0.5 kg,每组内筒与筒之间的麻条质量差异不大于 ±1 kg。这样在亚麻头道并条机上按输出头数、麻条筒组数同时上机,由于每筒的麻条长度相同,所以一组麻条筒中的麻条基本同时用完,然后下一组麻条筒接前一组上头道并条机。如头道并条机为

6并,成条机下机每筒麻条标准定长为 1 000 m,麻条定量为 30 g/m,则每一组的麻条质量范围为(6 筒×1 000 m×30 g/m)±500 g。每组内筒与筒之间的麻条质量差异为(1 000 m×30 g/m)±1 000 g。

通过配组可大大降低末道并条机的长片段不匀。例如,头道并条机喂入麻条的长片断不匀率为 8%～10%,配组后由末道并条机输出的长片段不匀率下降至 2%以下,这对保证细纱产品品质有很大的意义。

二、 并条机的种类及其工艺过程

亚麻纺纱中,并条机按针排机构的形式分,有推排式长麻并条机和螺杆式长麻并条机。

1. 推排式长麻并条机及其工艺过程

推排式长麻并条机的结构如图 6-4 所示。麻条 1 从麻条筒中引出后,经导条小转子 2,沿着喂麻引导片 3,进入喂麻罗拉。喂麻罗拉由两个下喂麻罗拉 4 和一个自重加压罗拉 5 组成。麻条通过喂麻罗拉后,进入牵伸区,通过两对加压罗拉 A、B,其对长纤维控制,进入针排区 6。针排区由许多针栅杆组成(结构见图 6-5),且通过链轮 7 传动,将针栅杆推向前方,同时把麻条带向牵伸引导片 8。在针排区的前下方装有喷嘴 11。高压空气由喷嘴 11 吹出,使麻条顺利地从针排区退下,并引向牵伸罗拉。

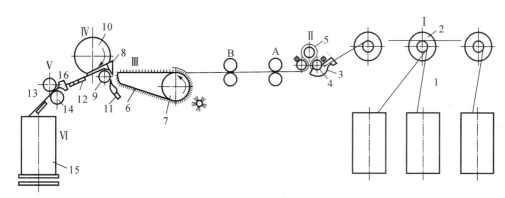

图 6-4 推排式长麻并条机的结构示意

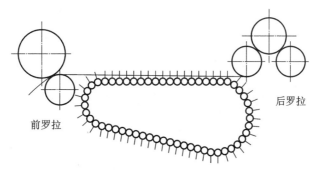

图 6-5 推排式长麻并条机的针排区示意

残留在针排中的纤维,由逆时针方向旋转的毛刷罗拉刷下。麻条经牵伸引导片,被引入牵伸罗拉对9、10。下牵伸罗拉9由金属材料制成,上牵伸罗拉10的表面包覆有弹性材料,它们组成强有力的牵伸钳口,将麻条伸长拉细后送出,导向并合板12,几根麻条在此叠合成一根麻条后,通过引出罗拉13、14,进入麻条筒15中。

这种并条机上装有自停机构。当麻条断头或用尽时,当麻条缠绕在喂入罗拉上时,当麻条塞住针栉不能运动时,当纺满麻条筒时,自停机构会使整机停转,保证机台安全。

图6-6所示为推排式针排结构,针排的一端有曲柄。推排式针排按曲柄端一左一右交叉排列,即一块针排的曲柄在左边,与其紧靠的另一块针排的曲柄就在右边。针排的排列是紧密不断的。

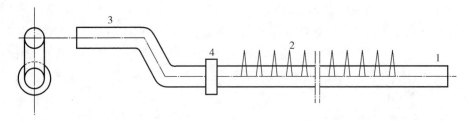

1—圆钢　2—梳针　3—曲柄　4—环圈

图6-6　推排式针排结构示意

推排式针排传动机构如图6-7所示。针排的环圈沿着轨道运行,针排的传动来自星形链轮。每节成条机有星形链轮两只,分别传动第一、三、五……排针排及第二、四、六……排针排。星形链轮回转,使针排在轨道内一根一根地向前运动,自喂入罗拉开始,再由牵伸罗拉处返回喂入罗拉。

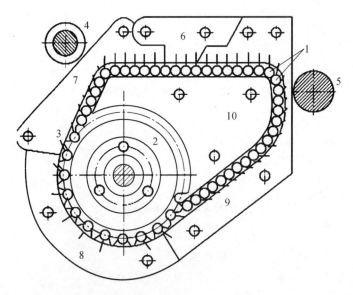

1—针排　2—星形链轮　3—链轮齿　4—喂入罗拉　5—牵伸罗拉　6,7,8,9—内部罗拉

图6-7　推排式针排传动机构示意

推排式并条机的针排由许多针栉组成。针栉杆采用的是压配有钢针式梳针的钢杆。钢杆的两端装在链条上。由链轮带动装在链条上的针栉钢杆做圆周运动,从而使针栉上的梳针梳理、分劈纤维。推排式针排的优点是可适当高速运转,机台产量高,占地面积小;缺点是在梳理过程中,麻条品质稍差,易产生麻粒子。

2. 螺杆式长麻并条机及其工艺过程

螺杆式长麻并条机的结构和工作原理与成条机基本相似,不同之处是各道机台螺杆的直径和螺距不同。针排上钢针的直径和针密从零道至末道逐道分别减小、增大。因为梳成长麻经过多道并条机的分劈,纤维变细、变短,所以后道机台要采用较细、较密集的钢针控制纤维运动。螺杆式针排的优点是运转平稳,其梳理、分劈后的麻条品质好,麻粒子少,但针排速度较低,机台产量较低。

螺杆式并条机的结构如图6-8所示。麻条2自喂入架下的麻条筒1中拉出,从横向引导器3和送麻罗拉4的中间通过,在喂入罗拉5下、加压罗拉6上和喂入罗拉7下喂入,最后通过牵引系统进入针排区8。

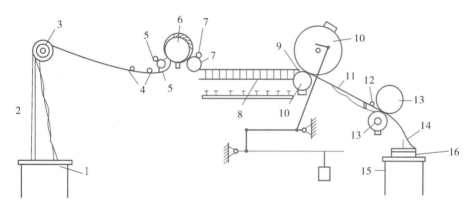

图6-8　螺杆式长麻并条机的结构示意

螺杆式并条机的针排结构如图6-9所示。针排由螺旋杆传动,它的上升和下降由位于螺旋杆前端或尾端的凸轮完成。针排升降是由牵伸区中的前后凸轮完成的。如图6-8所示,在导杆下,通过上螺旋杆,针排向前运动,下螺旋杆向后运动,麻条在喂入罗拉钳口处,以喂入罗拉速度运动离开喂入罗拉,不久即被针排梳针刺透,并由前牵伸引导器9引导前进,直至牵伸罗拉10的钳口处被握持而输出。针排的速度接近或稍大于喂入罗拉的表面速度,这种现象称为前导。前导使麻条紧张,使针排上的梳针易于插入麻条,有利于对纤维的控制。由于牵伸罗拉、喂入罗拉及针排的速度不同,以及针排梳针的作用,麻条被拉细,纤维伸直平行。

牵伸罗拉握持纤维的作用通过加压机构完成。通过带有压力杆的重锤和牵伸轴上的加压罗拉,麻条上被施加适当的牵伸力。在牵伸罗拉与针排之间,针排以不同的速度运动,从而完成牵伸。这个加压系统在机器运转中工作性能稳定。如图6-8所示,麻条自牵伸罗拉10输出后,由牵伸集合器引导,在并条板11处进行并合。麻条经并合后,由麻条引导器12导入,经引出罗拉对13引出,通过淌条板14送入压条筒16,进入麻条筒15中。在喂入

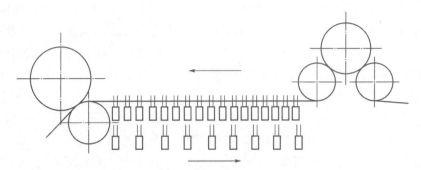

图 6-9　螺杆式并条机的针排结构示意

罗拉、牵引罗拉和引出罗拉处,为使麻条按一定方向前进,并保持一定的宽度,均使用喇叭形的导条器。

由于引出的麻条必须以适当的形式放入麻条筒内,直到均匀地放满为止,所以机器上装有一个能使麻条筒在一根垂直轴周围做间歇性转动的机构,同时给放入麻条筒内的麻条加压。

为了使麻条连续输出,机器上装有机后喂入断条监视和机前并合监视系统。这个系统在机器运转中监视着每一根麻条,如有麻条断裂,相应的监视部分就自动停机,待麻条接上后,可以重新开动机器。

螺杆式并条机的针排运动是靠螺杆回旋作用实现的,它生产的麻条质量好,但针排速度较低,因此产量低。推排式并条机的针排运动是回转式的,主要靠针排的相互推动而运动,因此产量高,缺点是针排梳理效果差。

三、并条机的技术性能

表 6-2 和表 6-3 分别给出了推排式长麻并条机和螺杆式长麻并条机的主要技术性能。

表 6-2　推排式长麻并条机的主要技术性能

指标名称	JI-1-JI 头并	JI-2-JI 二并	JI-3-JI 三并	JI-4-JI 四并
并合数	4	4	3	2
牵伸隔距(mm)	680	600	600	600
牵伸倍数	4~8	3.5~7	3.5~7	3~6
引出速度(m/min)	40~120	39~98	39~98	39~98
牵伸导条器宽度(mm)	70~100	47~63	38~46	25~38
喂入罗拉直径(mm)	38	38	38	38
牵伸罗拉直径(mm)	54	45	45	45
引出罗拉直径(mm)	78	78	78	78
植针密度(根/cm)	2.6	4	4	5

表 6-3　螺杆式长麻并条机的主要技术性能

指标名称	预并	头并	二并	三并	末并
并合数	6	6	6	8	4
牵伸隔距(mm)	762	666	610	560	508
牵伸罗拉直径(mm)	76	63	57	50	45
喂入罗拉直径(mm)	63.5	51	44	44	
引出罗拉直径(mm)	89	77	77	77	77
喂入导条器宽度(mm)	100	85	65	45	35
牵伸导条器宽度(mm)	79	58	32	26	20
引出导条器宽度(mm)	70.00～90.00	50.00～70.00	20.00～40.00	15.00～35.00	10.00～30.00
喂入罗拉速度(m/min)	2.06～3.41	1.54～2.53	1.50～2.27	1.48～2.25	1.52～2.13
针排运动速度(m/min)	2.01～3.47	1.54～2.54	1.52～2.29	1.53～2.33	1.58～2.26
针排打击频率（次/min)	165.00～273.00	140.00～231.00	160.00～242.00	161.00～245.00	198.00～282.00
牵伸罗拉速度(m/min)	16.48～20.47	14.37～18.63	16.37～20.22	16.26～20.20	18.63～22.20
引出罗拉速度(m/min)	16.75～20.81	14.64～18.97	16.59～20.49	16.70～20.74	19.26～22.92
牵伸倍数	6.01～8.01	7.37～9.33	8.93～10.98	9.00～11.00	10.19～12.23
除尘风量(m³/h)	2 750	2 400	3 050	4 050	2 400

四、 并条机各机构的作用

1. 喂入机构

喂入机构由高架式导条架、导条轮和后牵伸引导片组成。麻条从麻条筒中被拉出,通过高架式导条架上的固定式导条轮,平行地进入后牵伸引导片。导条轮之间有一定的隔距,使喂入的麻条不会相互缠绕而起毛。为了保证麻条不跑出针排外,在后牵伸罗拉入口处装有两块后牵伸引导片。为了有利于麻条平行伸直,应保持后牵伸引导片处通道光洁,并使后牵伸罗拉和引导张力辊之间牵伸张力的一定。

2. 牵伸机构

牵伸机构由前、后牵伸罗拉对,导条张力辊和针排机构组成。并条机的牵伸、并合过程由牵伸机构完成。前牵伸罗拉对中的钢质下牵伸罗拉和上牵伸加压罗拉组成前牵伸罗拉钳口。上牵伸加压罗拉由橡胶或特殊木质包覆。利用杠杆式弹簧机构,将上牵伸加压罗拉紧紧地压在下牵伸罗拉上,保证前牵伸罗拉钳口具有足够的握持力,能克服牵伸力而防止麻条在钳口下打滑或产生分层现象,否则会造成牵伸不正常,甚至造成麻条条干不匀。因此,加压力是否适当,直接影响麻条的品质。后牵伸罗拉对由后上牵伸罗拉和前、后张力辊组成一上二下式钳口。后上牵伸罗拉为钢质罗拉,采用自重式加压。前张力辊的直径比后张力辊略大一些(约 2 mm),可对后牵伸引导片喂入的麻条施加一定张力,有利于针排握持麻条。如果在安装过程中将前、后张力辊装反,麻条在前张力辊表面松弛,会出现起"鼓"现象。麻条从后牵伸罗拉对的钳口输出后,立即被针排机构控制。

CFI型系列并条机采用单螺杆式针排机构。针排在单螺杆的旋转作用下，沿着上、下轨道和螺杆的运动方向做往复式上下运动。针排在后牵伸罗拉的钳口处上升，刺入喂入麻条，携带着纤维到达前牵伸罗拉的钳口处时，被上螺杆前端的旋转凸轮击落到下螺杆上。下螺杆的旋转方向与上螺杆相反，使针排轨道向后牵伸罗拉对方向运动。在CFI型系列并条机上，对预并条机至末道并条机，设计了不同的针排机构，各装有79~88块针板机。

图6-10所示为单针杆螺杆机构。针排机构是前、后牵伸钳口之间的附加机构，用来控制喂入纤维的运动，并进行梳理、分劈工作。针排的运动速度比后牵伸罗拉稍快，所以这一区域不是主要的牵伸区，只是以一定的速度把麻条送至前牵伸罗拉钳口处。前牵伸罗拉钳口的表面速度较大，一旦纤维的前端被前牵伸罗拉钳口控制，则整根纤维就会从针排下被快速抽出，以前牵伸罗拉速度运动，因而纤维间产生相对移动，并且有较大的位移变化，因此从前牵伸罗拉钳口出来的麻条变细。在长麻并条机上，牵伸倍数增加，而纱条不匀率增长很慢，当并合数较大时，牵伸倍数也应增大。针排植针的直径和植针密度及针列的隔距，对麻条的均匀性有很大影响。针排作为中间摩擦界，控制针排区内的纤维运动，当针排上的植针过稀时，会产生不均匀的麻条，而当植针过密时，则会增加断头率和短纤维数量。针排上针齿的栽植密度必须考虑制成麻条的纤维长度和强度等。针排隔距对纤维的钳制力有很大影响。针排隔距小，能显著提高纤维的钳制力；反之，针排隔距增大时，对纤维的控制能力会减小，麻条的均匀性变差。但是，当针排隔距增大时，每道针排上纤维的平均长度保持得较好。当植针密度相同时，提高针号能提高分劈纤维和控制纤维的能力，使纤维在牵伸过程中均衡，同时也能够起到增加麻屑下落和清除纤维上疵点的作用。为了保证梳成长麻得到逐步的梳理、分劈，在长麻并条机的各道机台上，从预并条机至末道并条机，随着梳成长麻纤维的逐步分劈，纤维的分裂度提高，纤维的长度变短，并条机针排的植针号数和针密度及针排隔距逐道缩小。

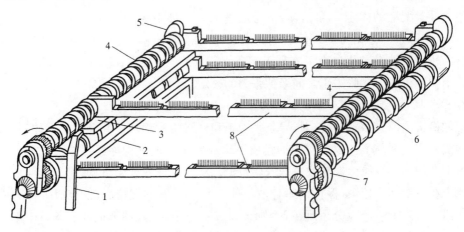

1—弹簧　2—下导轨　3—上滑轨　4—上螺杆　5,7—凸轮　6—下螺杆　8—针排

图6-10　单针杆螺杆机构示意

针排的打击频率与牵伸倍数成反比，增加牵伸倍数和适当降低针排打击频率，对机台产量没有什么影响。针排的打击频率应严格控制在机台设计范围内，否则容易损伤机

台。如针排速度过高，易造成针排控制保险销断裂或产生"卡"针排现象。前牵伸罗拉钳口摩擦力界控制线和最后的针排之间的隔距对麻条的均匀度有重要影响，这段属牵伸无控制区。减少这段隔距的方法是减小牵伸罗拉的直径和向前移动牵伸加压罗拉。为了减小无控制区范围，针排机构的螺杆与前牵伸罗拉应呈倾斜状态，使针排尽量靠近前牵伸钳口。

3. 出条机构

出条机构由并合板、导条罗拉、淌条板、引出导条器、满筒加压重锤和圈条器等组成。

（1）并合板。并合板的作用是使麻条在机台的各头前牵伸罗拉钳口线上（同一线上）输出，而在不同点相遇并合，这会增加麻条上粗、细段相遇的机会，从而改善麻条的条干。

（2）导条罗拉和淌条板。导条罗拉是钢质罗拉，采用自重加压，其速度略大于牵伸罗拉。导条罗拉给并合后的麻条施加一定的张力，使其沿着淌条板输入麻条筒。施加的张力要仅能使麻条内的纤维拉直且不使麻条内的纤维产生位移变化。

（3）引出导条器。引出导条器可左右调整出麻条口大小，控制输出麻条的紧密程度。

（4）满筒加压重锤。满筒加压重锤在杠杆凸轮机构的控制下做上下往复运动，将麻条筒中的麻条压紧，增加麻条筒的容量。

（5）圈条器。圈条器的作用是使麻条筒做左右往复运动，使淌条板输出的麻条成圈形，有规律地分布在筒内。

第四节　栉梳成条联合机

栉梳成条联合机在国外纺制中、低支亚麻纱生产中有广泛应用。该机型在梳理方法上与栉梳机无很大差别，但由于它采用了联合机的形式，纺纱工序缩短，普通梳理中的手工取麻、铺麻工作实现了机械化，省去了整梳工序。这些对于提高劳动生产率，降低工人的劳动强度，减少生产成本等，都有显著影响。

栉梳成条联合机区别于普通栉梳机和普通成条机之处在于，栉梳机前自动机上夹麻器中的梳成麻，通过一套特制的铺麻装置输出，铺放在成条机的喂麻帘子上，而成条机的结构与普通成条机基本相同。

第七章 短纤维麻条的制取

第一节 概 述

短麻纺纱在整个亚麻纺纱中占45％～65％。近年来,随着国内亚麻纺织技术的发展,短麻纺纱由过去的66.67 tex以上(15公支以下)提高到41.67 tex以下(24公支以上),所生产的精梳短麻低特(高支)纱在外观品质上完全能与相同线密度的长麻纱媲美,而且纱线的性能指标完全能适合织造(或针织)的要求。另外,短麻原料的价格比梳成长麻低。因此,短麻纺纱对企业提高经济效益有很大的意义。

短麻原料的特点是纤维紊乱而又相互纠缠,纤维长度和强力等指标极不一致,且含有大量的麻屑、麻结、不可纺短麻绒等。通过短麻纺纱设备的细致梳理、开松、除杂、再割、精梳等工序,混乱而又相互纠缠的纤维逐渐伸直平行,不可纺短麻绒和其他有害疵点被去除,最后制成一定线密度的纱线。

一、短麻工程中的亚麻原料

在亚麻纺织厂所生产的细纱中,有55％～65％是短麻细纱。短麻细纱所用的短麻原料有以下几种:

1. 梳成短麻

梳成短麻即栉梳机梳理打成麻时的机械梳理落麻,是短麻纺纱的主要原料。纤维的平均长度在100 mm以上。根据打成麻的根部与梢部的纤维品质及栉梳机上针板植针的稀密不同,梳成短麻分为根部粗纤维、根部细纤维、梢部粗纤维和梢部细纤维四个部分。其中,根部细、梢部细纤维的纤维素含量较高,纤维品质较好,而根部粗、梢部粗纤维的木质素含量较高,纤维品质稍差。

2. 降级打成麻

这种原料是指纤维长度较短的低品质打成麻。降级打成麻经黄麻回丝机或粗梳机可加工成适合生产短麻纱的短麻原料。根据纤维的品质,降级打成麻可单独纺纱,或与其他短麻原料配合使用,适纺高、中、低档各类亚麻短麻纱。

3. 粗麻

粗麻即亚麻原料初加工厂在制取打成麻时获得的一粗和二粗等。粗麻经短麻联合打麻机处理而获得短麻原料。

4. 风道麻

这种原料是指亚麻纺纱过程中前纺各工序在梳理、分劈纤维过程中随粉尘落入除尘风道的少部分梳成长麻或梳成短麻。风道麻含杂质(如粉尘、麻屑)较多,通过除尘、除杂等加工,可适量配入短麻原料中,纺制中高特(中低支)亚麻纱。

5. 可纺回丝

可纺回丝即前纺各工序的废麻条、废粗纱等生产中的落麻。可纺回丝中有很大一部分为梳成长麻条及精梳后的短麻条等,纤维的品质较高,经过处理可纺制纯短麻低特(高支)纱。

以上短麻原料具有共同点,就是纤维混乱且相互纠缠,同时含有大量的麻屑和纤维结等,而且纤维的各项技术指标(如长度、细度、强度等)的等级不一致。

二、 短麻工程前亚麻短纤维的准备

亚麻短纤维在纺纱前准备过程中要经过开松、细致的混麻、清除尘杂、形成麻条、梳理、给乳和养生等工序。所有工序的目的都在于获取更多性能一致、符合要求的纤维。通常,亚麻纤维是按照号数、性能、初步加工方法、育种条件而分批挑选和存放的。为获得更多适合纺制亚麻纱的纤维,通常将两个和两个以上等级和种类的纤维混合。重要的是要保证混合纤维纺出细纱的性能不变。亚麻纤维不仅能与不同性能的纤维混合,也可以和各种化学纤维混纺。如果混合的成分间无显著的区别,又要求相同的加工条件,则在混麻联合机上混合,然后在联合梳麻机上加工。如果混合的成分要求不同的加工条件,则要在联合梳麻机上分别进行梳理,然后用条子进行混合。

第二节 短纤维梳理

一、 联合梳麻机的任务

(1)将各种短麻原料,通过反复多次的开松梳理作用,逐渐把粗的工艺纤维分劈成较细的工艺纤维。

(2)对短麻进行充分开松梳理的同时,尽可能地除去短纤维中含有的大量杂质和不可纺纤维。

(3)将各种短麻通过梳理机件的梳理及分配,使其进一步混合,同时使纤维初步伸直,并沿长度方向平行排列。

(4)在纤维混合、理直并清除杂质的基础上,形成粗细均匀且有一定质量的连续条子,并制成一定卷装。

二、 联合梳麻机的主要技术特征

为了避免纤维原料在反复剧烈的梳理、拉伸作用下断裂过多,短麻纤维的分劈松解过程,应在短麻梳理机上反复多次地、缓和而持续地逐步进行。随着混合、梳理过程的逐步深入,短麻原料中的杂质和不可纺纤维等充分暴露,并进一步除去。在短麻梳理机上,纤维的混合、清洁、理直等作用并不充分,需要在以后的针梳、精梳等过程中逐步完善。

联合梳麻机的主要技术特征如表 7-1、表 7-2 所示。

表 7-1　ч-162-F 型自动喂麻机的技术特征

指标名称	主要参数
喂麻宽度(mm)	1 620
自重称麻斗尺寸(mm)	1 630×370×480
角钉帘子上的板条数	42
每根板条上的角钉数	48～49
角钉帘子线速度(m/min)	1.73～6.06
帘子每分钟的停开数	1.45～23.6
主轴转速(r/min)	33.70～116.7

表 7-2　ч-460-JI 型梳麻机的主要技术特征

指标名称	主要参数
机器工作宽度(mm)	1 830
锡林直径(mm)	光面 1 542,带针 1 556
喂麻罗拉直径(mm)	光面 51,带针 79.5
工作罗拉直径(mm)	光面 178,带针 203.8～211
剥取罗拉直径(mm)	光面 203,带针 224.3～225.4
道夫直径(mm)	光面 355,带针 378.4
白铁筒直径(mm)	225
输出罗拉直径(mm)	100
喂麻帘子传动罗拉直径(mm)	252
锡林线速度(m/min)	596～380
道夫线速度(m/min)	4.18～14.6
上引出罗拉线速度(m/min)	5.65～20.0
下引出罗拉线速度(m/min)	6.01～20.8
喂麻帘子线速度(m/min)	0.222～1.91
剥取斩刀摆动频率(次/min)	298～1145
牵伸倍数	10.5～26.4
梳理度	9～189
上、下引出罗拉间的张力牵伸	4%
引出罗拉与道夫间的牵伸	44%
扣台板上的麻条张力牵伸	2%

（续表）

指标名称	主要参数
喂入/引出头数	3/1
针栉杆直径(mm)	9
植针密度(根/cm)	2
牵伸隔距(mm)	305
牵伸倍数	1.30～4.45
引出速度(m/min)	8.25～97.5
牵伸引导器宽度(mm)	52,62,72

三、 联合梳麻机的组成

联合梳麻机由自动喂麻机、梳麻机及牵伸头(又称送出头)三部单机组成。

(一) 自动喂麻机

自动喂麻机的任务是把初步混合的纤维扯松,使纤维均匀地喂入和混合。

1. 自动喂麻机的工艺过程

如图7-1所示。初步混合后的短麻原料装入贮麻箱1内。周期性运动的角钉帘子2抓取纤维向上运行,均麻栉3和8不断摆动,把角钉帘子上过厚的麻层剥落下来,重新落到贮麻箱内,使角钉帘子上的麻层均匀。角钉帘子带着纤维转到定重斗5内。当定重斗中充满纤维时,定重机构秤左端下降,经过一套控制机构,使角钉帘子停止转动,角钉帘子上的纤维不再落入定重斗内。充满纤维的定重斗自动打开,定重斗内纤维自动地、连续不断地铺放在针板7上。

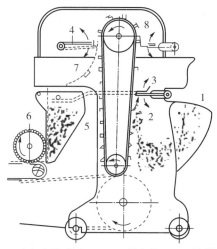

1—贮麻箱　2—角钉帘子(针帘)　3,8—均麻栉　4—剥麻栉　5—定重斗
6—梳麻机喂麻帘子上的压麻罗拉　7—针板(喂麻帘子)

图7-1　自动喂麻机工艺过程示意

2. 角钉帘子、均麻栉和剥麻栉

当角钉帘子向上移动时,带动贮麻箱内的纤维上下搅动。同时,被角钉帘子抓取的纤维,在通过均麻栉处时,多余的纤维被摆动的均麻栉送回贮麻箱,使纤维在贮麻箱内得到混合。被角钉帘子带走并通过两个均麻栉的纤维,经过剥麻栉时被剥取下来,落入定重斗。被角钉帘子带动的纤维受到均麻栉和剥麻栉的扯松作用,其扯松效果一般以纤维松解程度 S 表示,计算公式如下:

$$S = \frac{G_0 - G_1}{G_0} \times 100\% \text{ 或 } S = (R_0 - R_1)/R_0$$

式中:G_0——纤维梳解以前的质量密度,g/m;

R_0——纤维梳解以前的密度,g/cm³;

G_1——纤维梳解以后的质量密度,g/m;

R_1——纤维梳解以后的密度,g/cm³。

为了使纤维充分混合和扯松,并使喂麻机运转良好,必须正确调整上、下均麻栉。一般来说,上部均麻栉应尽可能接近针帘,不会碰触角钉帘子的角钉即可,它的摆动角度在水平线以上 45°,在水平线以下 25°。下部均麻栉与角钉帘子的隔距应规定为 38 mm,摆动角度在水平线以上应为 75°,在水平线以下应为 10°~15°。剥麻栉向上摆动应不超过水平线,下摆角在水平线以下 77°,与角钉帘子的隔距为 6 mm。

3. 定重装置

自动喂麻机对纤维的均匀喂给由定重装置完成。定重装置结构如图 7-2 所示。主动轴 1 的末端活套着链轮 2。链轮具有伸长套筒,并和锯齿轮 3 铸成一个整体。在链轮 2 的另一面的轴上安着制动盘 4,它被钢带包围,并借短轴 5 与链轮 2 相连,形成张力机构的钢带制动器。制动盘 4 用螺丝钉 6 紧固于主动轴轴上。

在锯齿轮 3 后面的轴上用销子安有曲柄 7,它具有伸长套筒,其上部有一纵向沟槽。铁指 8 的末端伸进入沟槽,另一端在锯齿轮 9 的斜形沟槽内移动。锯齿轮 9 活套在曲柄 7 的套筒上。锯齿轮 9 的套筒上安有弹簧 10,弹簧的一头与紧固在曲柄 7 的套筒上的铁环 11 联结。

弹簧 10 沿主动轴 1 的运动方向转动锯齿轮 9,因此,铁指 8 趋向于锯齿轮 9 上沟槽内的最低位置。此时,铁指 2 插入锯齿轮 3 的齿之间,而主动轴 1 在链轮 2 的作用下开始回转。

当秤杆 12 左端在定重斗内短麻质量的作用下倾斜时,其右端向上抬起,使钩子 13 转动并向左偏移,造成掣子 14 脱离钩子 13,并在重锤 15 的作用下向上抬起,顶住上面的锯齿而使其停转,但曲柄 7 和主动轴 1 仍继续回转,直至铁指 8 的末端嵌入锯齿轮 9 的上部沟槽内才停转。

此时,铁指 8 脱开同锯齿轮 3 的啮合,使主动轴 1 的回转停止,形成喂麻停止而定重斗打开的状态。这样,只有链条轮 2 在继续回转。喂麻的周期性运动是借助紧压三臂杠杆 18 的末端 17 上的销钉 16 实现的。它拉动掣子 14,使其脱开同锯齿轮 9 的连接。

当喂麻停止时,弹簧 10 呈紧张状态。在三臂杠杆 18 的末端 17 和销钉 16 的作用下,掣子 14 下降而与锯齿轮 9 脱开,这使得弹簧向前扭动,铁指 8 被扭转到锯齿轮 9 的下部沟槽

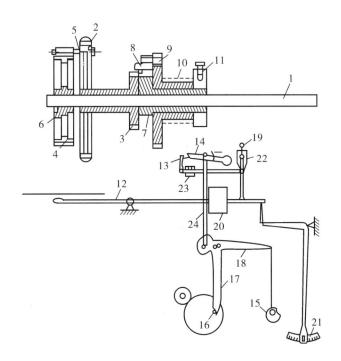

1—主动轴 2—链轮 3—锯齿轮 4—制动盘 5—短轴 6—螺丝钉 7—曲柄
8—铁指 9—锯齿轮 10—弹簧 11—铁环 12—秤杆 13—钩子 14—掣子
15,20—重锤 16—销钉 17—三臂杠杆的末端 18—三臂杠杆 19—调节螺丝
21,22—指示器 23—菱形钩的调节螺丝 24—连杆

图 7-2 自动喂麻机定重装置结构示意

内,而又与锯齿轮 3 相连,使主动轴 1 重新开始回转,开始喂麻。

定重装置的输出麻质量是可调节的。一种方法是调整调节螺丝 19 的上下位置,以改变钩住掣子 14 的钩子 13 的位置;另一种方法是移动秤杆 12 上重锤 20 的位置。

图 7-2 中,21、22 为指示器,23 为菱形钩的调节螺丝,24 为联结掣子,它们的作用均为调节定重装置。

4. 影响喂麻不匀率的因素

在机械式自动喂麻机上,影响不匀率的因素较多,主要有以下几个方面:

(1)角钉帘子速度。

① 角钉帘子速度与均麻栅速度的关系。均麻栅的运动轨迹是椭圆形,每个动程中,大约只有 1/4 的时间用于剥麻,其余是空程。如每次剥取麻层的长度为 L,均麻栅的转速为 n,则均麻栅每分钟可以剥取的总长度为 $L \cdot n$。假设角钉帘子运行的长度大于这个长度,就会有部分麻层受不到均麻栅的剥取,角钉帘子上的麻层就会出现分布不匀的现象,这对于均匀喂入不利。设角钉帘子的速度为 V,则要求掌握的条件是 $V < L < L \cdot n$。

② 角钉帘子速度与剥麻栅速度的关系。剥麻栅的剥取作用,要求把角钉帘子上的麻层全部剥取下来,所以剥麻栅每分钟的剥取长度要大于角钉帘子运行的长度,一般大 2 倍以上,才能把角钉帘子上的麻剥取干净。

③ 角钉帘子速度与定重斗麻量的关系。角钉帘子速度越快,喂麻周期变短,落入定重斗的麻量差异越大,使喂麻的极差变大。但角钉帘子速度也不宜过慢,否则,喂麻周期太长,影响机台生产率。

(2) 均麻栅和剥麻栅与角钉帘子之间的隔距。

① 均麻栅与角钉帘子之间的隔距。这个隔距决定了角钉帘子上麻层的厚度,隔距越大,角钉帘子喂麻时间越短,极差越大;反之,隔距越小,麻层越薄,角钉帘子喂麻时间越长,极差越小。但这个隔距也不宜太大,隔距和角钉帘子速度应统一考虑,使角钉帘子喂麻时间适当。

② 剥麻栅与角钉帘子之间的隔距。这个隔距以有利于将角钉帘子上的麻层剥取干净为度,一般在 6 mm 左右。当角钉帘子速度快时,此隔距应小些;当角钉帘速度慢时,此隔距可大些。

(3) 喂麻量与喂麻周期的关系。角钉帘子对纤维的喂入从转动到停止形成一个喂麻周期。单位时间的喂麻量决定于联合梳麻机的生产率,生产率越大,单位时间的喂麻量越大。

设定重斗每次喂入量为 $g(\mathrm{g})$,喂麻周期为 $T(\mathrm{s})$,则每分钟的喂麻次数为 $60g/T$,而每分钟的喂入量 Q 用下式表示:

$$Q = 60g/T$$

于是:

$$g = QT/60$$

所以定重斗的每次喂入量与联合梳麻机的生产率和喂麻周期成正比。

为了增加喂麻量 g,就需要加大角钉帘子上麻层的厚度,增加角钉帘子的速度,这些都不利于均匀喂入。

(4) 定重及自控机构的灵敏度。机械式定重及自控机构的缺点是灵敏度不高,不易控制,为了尽量减少喂入不匀率,必须精心调试喂入机构的定重过程。定重过程本质上是秤杆两端的力矩由不平衡到平衡,再打破平衡的过程。开始喂麻时,定重斗的一侧较另一侧轻,力矩处于不平衡状态。当定重斗内的麻量达到一定质量时,其两侧达到力矩平衡,此时,自控机构还不能发生动作。只有进一步喂入纤维,使定重斗一侧的力矩大于另一侧,引起定重斗下降,再经过自控机构的动作,才能使喂麻机构停止。这种由平衡到不平衡的过程,造成了每次喂入量的差异。定重及自控机构的灵敏度越差,喂入量的差异越大,喂麻的不匀率也越大。

(5) 给麻箱内短麻原料的容量。在生产过程中,给麻箱内的原料不断减少,原料对角钉帘子的压力也在不断减少,角钉帘子上麻层的密度越来越小。喂入定量时间长,喂入量 g 就容易偏低。给麻箱内储麻量的变化可以引起每次喂入量的变化。挡车工每隔一段时间向给麻箱添麻一次,引起每次喂入量变化。因此,应该采取措施,使给麻箱的储麻量经常保持在 3/4 以上。

(二) 梳麻机

梳麻机是联合梳麻机的重要组成部分,主要作用是把喂入的纤维进一步均匀地混合、扯松,并对其进行梳理及除去杂质等。

1. 梳麻机的工艺过程

自动喂麻机把纤维铺放在喂麻帘子上,形成连续的麻层,送到喂麻罗拉上,然后喂入高速回转的锡林。锡林上装有针板,由于它的速度比喂麻罗拉的速度高很多,所以在锡林与喂麻罗拉间将产生纤维的拉伸、开松作用,使麻层变薄。其中一部分被下喂麻罗拉带走的纤维,由清除罗拉剥下后,仍转移给锡林。在锡林的周围,装有七对工作罗拉和剥麻罗拉。锡林上的纤维,一部分转移到工作罗拉上受到梳理,另一部分停留在锡林上。转移到工作罗拉上的纤维被剥麻罗拉剥下后,仍转移给锡林。这样,经过工作罗拉和剥麻罗拉的反复作用,纤维得到较充分的混合,麻层厚薄均匀,同时变得十分松散,然后转移到上道夫或下道夫上聚集,最后被斩刀斩下。被斩刀斩下的麻网,在道夫的整个宽度方向被分割成三部分,每一部分均由输出喇叭、引出罗拉和紧压罗拉引出。此麻条正好与下引出罗拉和下紧压罗拉引出的麻条叠合。因此,机台实际输出的是三根麻条在光滑的出麻台上,经导条指并转过 90°,然后送到牵伸头(送出车头)。

2. 梳麻机的基本作用

在梳麻机上各个做回转运动的工艺部件,每两个相互接触的工艺部件之间构成一个基本作用区,对纤维进行加工。这样的作用区有很多,但作用区的性质只有三种,即梳理作用、剥取作用及起出作用。这些作用都是靠梳麻机的针板来完成的。决定这三个基本作用的条件是针向关系、转向关系与速度关系。

针向关系只有两种情况:一种是针向相对,如图7-3(a)所示;另一种是针向相顺,如图 7-3(b)所示。图7-3 中 A 和 B 分别表示互相作用的两个针面,根据它们之间的转向关系不同,其作用性质也有区别。

(1) 针向相对时,有四种情形,如图 7-4 所示。

图 7-4(a)中,A 和 B 的转向与针向一致,不论两者的速度大小,当纤维束处于 A 与 B 之间时,两者都会挂住纤维束的一部分。它们继续运动,就会把所挂的纤维束分成两部分,A 所挂的部分受到针面 B 的梳理,而

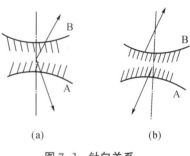

图 7-3　针向关系

B 所挂的部分则受到 A 的梳理,使纤维互相分解,并趋于平行伸直,这种作用叫作梳理作用。

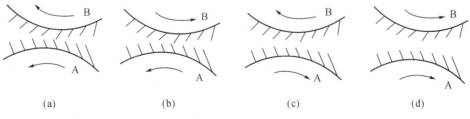

(a)　　　　　　　(b)　　　　　　　(c)　　　　　　　(d)

图 7-4　梳理与起出作用

假设针面 A 的转向与针向一致,而针面 B 的转向与针向相反,如图 7-4(b)所示,在此情况下判断其作用性质,就要看 A 和 B 的速度关系。假设 A 的速度大于 B 的速度,此时发生梳理作用;反之,假设 A 的速度小于 B 的速度,就不可能发生梳理作用。在这种情况下,两针面都以针背对纤维作用,不能握持纤维,只能对纤维起一定的摩擦作用。假使针尖互相插入,还可以把纤维从针隙中带出一些,但不能把它们带走,这种作用叫作起出作用。

在图 7-4(c)中,A 与 B 的转向都不一致,不论 A 与 B 的速度大小,只能发生起出作用。

在图 7-4(d)中,A 的转向与针向相反,而 B 的转向与针向一致,假设 A 的速度大于 B 的速度,只产生起出作用;假设 B 的速度大于 A 的速度,就会发生梳理作用。

根据以上四种情况的分析,可以推断:当作用区内两个机件的针向作用相对时,可能产生两种作用,即当针面的针向与转向均一致时产生梳理作用,当针面的针向与转向均相反时产生起出作用。当一个针面的针向与转向一致,而另一个不一致,而且一致的那个针面速度较大时,则产生起出作用。

(2)针向相顺时,也有四种情况,如图 7-5 所示。

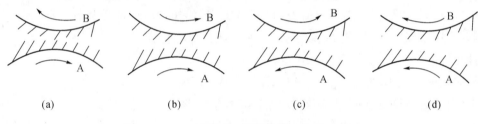

图 7-5　剥取作用

在图 7-5(a)中,A 与 B 的转向与针向都一致,其作用情况决定于它们的速度关系,当 A 的针尖插入纤维内部,而 B 不走,A 就会把 B 上的纤维剥为己有;反之,当 B 的速度大于 A 的速度时,则 B 将把 A 上的纤维剥为己有。所以在针向相顺的情况下只能产生剥取作用,而且速度大的针面剥取速度小的针面。

在图 7-5(b)中,A 的转向与针向一致,而 B 的转向与针向相反,在这种情况下,总是 A 剥取 B。

在图 7-5(c)中,B 的转向与针向一致,A 的转向与针向相反,结果是 B 剥取 A。

在图 7-5(d)中,A 与 B 的转向与针向都相反,其作用情况决定于它们的速度关系,当 A 的速度大于 B 的速度时,B 剥取 A;当 B 的速度大于 A 的速度时,则 A 剥取 B。

根据以上四种情况分析,可以看出,在针向相顺的情况下,只产生剥取作用,至于哪个针面起剥取作用,取决于转动方向与速度大小。当两个针面的转动与针向都一致时,速度大的针面剥取速度小的针面;当两个针面的转向与针向都相反时,则速度小的剥取速度大的;当一个针面的转向与针向一致,而另一个针面的转向与针向相反时,则转向与针向一致的针面剥取不一致的针面。

现将三种基本作用的条件汇总于表 7-3。

表 7-3　三种基本作用的条件

作用名称	针向关系	转向关系	速度关系
梳理作用	针向相对	两针向与转向一致	可不考虑
		一针向与转向一致	针向与转向一致的针面速度大
起出作用	针向相对	两针向与转向一致	可不考虑
		一针向与转向一致	针向与转向一致的针面速度大
剥取作用	针向相顺	不限制	针向与转向一致时,速度大的剥取速度小的
			针向与转向相反时,速度小的剥取速度大的
			只有一个针面的针向与转向一致时,它剥取针向与转向相反的那个针面

3. 梳麻机对纤维的作用过程

喂麻机将定重斗供给的麻层徐徐带向喂麻罗拉,对纤维积极握持,并送入机内。纤维首先接触到锡林,而锡林的速度比喂麻罗拉的速度高许多倍,喂麻罗拉针向与喂入方向相反,加大了握持力。锡林的针向与转向一致,所以在下喂麻罗拉与锡林之间形成分梳作用区,在这里叫扯松作用。纤维接受扯松的程度取决于它们之间的速比、隔距及喂入纤维的性状等。速度比越大,隔距越小,握持力越大,扯松作用就越强烈,纤维也越容易受到操作损伤,在工艺上要注意。锡林与上喂麻罗拉之间针向相顺,有剥取作用,锡林可以把上喂麻罗拉上缠的纤维及时剥取下来。清除罗拉对下喂麻罗拉、锡林对清除罗拉均有剥取作用,使下喂麻罗拉及清除罗拉保持清洁而不缠绕纤维。

在锡林上有七个工作罗拉和七个剥麻罗拉。在锡林与各工作罗拉之间有梳理作用的条件:一是针向相对;二是工作罗拉的转向与针向相反,但速度很慢。锡林的转向与针向一致且速度很快,锡林带着纤维走到第一工作罗拉处,首先受到梳理作用,把纤维束分成两部分:一部分留在锡林上,另一部分挂在工作罗拉上,锡林上的纤维受到工作罗拉针面的梳理。接着,锡林与其他六个工作罗拉之间重复这样的作用,使纤维受到多次梳理作用,把纤维尽可能分劈成更细的工艺纤维。剥麻罗拉是为了把各工作罗拉上的纤维转移到锡林上,因此,每个工作罗拉旁都有一个剥麻罗拉。锡林、工作罗拉和剥麻罗拉三者的组合叫梳理单位或梳理环。梳麻机的梳理和混合均匀作用主要由梳理环完成。经过一系列梳理和混合作用,高速回转的锡林带着纤维走到道夫作用区时,把一部分梳好的纤维转交给道夫,在锡林上留下的部分纤维再与各工作辊进行重复的梳理。

4. 梳理过程中的纤维受力

为了研究纤维在梳理过程中的运动规律,必须研究纤维在梳理过程中的受力情况。梳理过程中纤维所受的力,基本上有以下几种:

(1)梳理力。一束纤维同时受到两个工艺部件的握持作用时,由于它们的速度差异,这束纤维必然受到张力,使纤维束伸长,麻层变薄,进而分成两部分。在此过程中,纤维受到梳针的梳理作用,纤维束所受的力叫梳理力。

当两个针面对一束纤维进行梳理时,开始阶段梳理力迅速上升,到达最大值之后,即开始下降。一般情况是纤维越细,梳理力越大,对同样细度的原料,纤维越长,其梳理力也越大。

在梳理束纤维开始的阶段,梳理力迅速上升的原因是纤维伸直、绷紧甚至伸长,使纤维之间及纤维与梳针之间的侧压力增大,从而使纤维之间及纤维与梳针之间的摩擦力增加,当纤维一端所受的握持力小时,纤维就从梳针间脱出,开始滑出时阻力较大,然后逐渐变小。纤维越长,这个过程越长;纤维越短,这个过程也越短。一般来说,梳理力下降的过程比增长的过程要长。

当在梳理机上对纤维进行梳理时,并不是只对一束纤维进行梳理,而是对许多纤维束连续形成的麻层进行梳理,所以看不出梳理束纤维时那样的梳理力变化。虽然如此,在梳理机上同样可以测出各种因素对梳理力的影响。除了上面谈到的纤维细度和长度对梳理力的影响外,还有一些其他因素的影响。

① 工艺部件上麻层的负荷量越大,梳理力越大。

② 采用同样的喂入负荷量,梳针密度越大,梳理力也越大。

③ 当梳理力的方向与梳针的倾斜方向一致时,梳理力很小(如剥取作用时纤维的受力);当梳理力的方向与梳针的倾斜方向相反时,则梳理力很大(如梳理作用时纤维的受力)。

④ 当梳理同种纤维时,纤维越松散,梳理力越小。在同一个锡林上,第一个工作辊处的梳理力最大,而最后一个工作辊处的梳理力最小,这是因为纤维松散程度越来越好。

⑤ 为了控制梳理力,在工艺上必须采取适当的措施。隔距对梳理力的影响较大,隔距越小,梳理力越大。此外,速比越大,梳理力也越大。

⑥ 纤维的种类不同,梳理力也不同。

(2)离心力。梳理机上的大部分工艺部件做回转运动,速度越高,纤维受到的离心力越大。离心力的表示式如下:

$$C = \frac{WV^2}{gr}$$

式中:W ——纤维质量,g;

$\quad g$ ——重力加速度,cm/s²;

$\quad V$ ——工艺部件的表面速度,cm/s;

$\quad r$ ——工艺部件的半径,cm。

离心力有使被梳理的纤维及其间的一些杂质脱离工艺部件的趋势。人们总希望好的纤维不要脱离工艺部件而变成落麻,但希望杂质能在离心力的作用下脱离工艺部件。由于纤维之间有抱合力,纤维与梳针之间又有摩擦力,可以抵消离心力的作用,所以在一般情况下纤维不易脱离工艺部件。但是麻层较厚或纤维过干时,部分纤维会掉落。至于杂质等,在纤维扯松的情况下,很容易被甩掉,而且离心力越大,甩得越多。在梳理机上应尽可能利用一些高速部件来排除这些杂质。由离心力公式可知,离心力的大小与工艺部件的表面速度的平方成正比,与其半径成反比。杂质的质量越大,越容易被甩出去。

（3）挤压力和反作用力。挤压力和反作用力一般发生在上、下喂入罗拉之间,以及工作辊与锡林之间的纤维层上。在这些地方,纤维层较厚,空隙较小,挤压力迫使纤维脱离梳针的控制,在挤压的作用下,反作用力同时存在。

（4）空气阻力。在梳理机的运转过程中,纤维会受到空气阻力,但这个力与梳理力相比是微不足道的,在分析纤维沿针运动时,可略去不计。在梳理机上有气流存在,若控制不当,会造成不利的影响,应引起重视。气流对顺针向的纤维状态有影响,它可以使纤维在锡林的针面上浮起较低,不利于其向工作辊或道夫针面的转移。

5. 梳理过程中纤维的运动

在梳麻机上,纤维层都是附着在梳针上的,遇到挤压时,纤维层可以深入针隙,在反作用力及离心力的作用下,它又有脱离梳针的趋势。这类运动属于沿针杆运动,简称沿针运动,其运动方向与梳针表面呈切线方向。

还有一种运动叫绕针运动,其运动方向与针齿的侧面交叉。梳理力就包括使一些纤维产生绕针运动所需要的力。为了使纤维随着针面一起运动,就需要梳针对纤维具有一定的握持力。这种握持力是由于纤维之间的抱合力和梳针与纤维间,以及纤维与纤维之间的摩擦力产生的。

不论是纤维的沿针运动,还是纤维的绕针运动,在梳理过程中,都是必不可少的。没有沿针运动,纤维就不能脱离一个滚筒的针面。绕针运动可以把束纤维分劈成许多小束,而经过反复的绕针运动,就有可能把束纤维分解成更细的工艺纤维。在梳麻机上还有一个运动现象,这就是分撕纤维的相对滑移。实际上,分撕、绕针及滑移同时发生,而绕针运动可以持续较长时间。

下面着重分析沿针运动的条件。图7-6标出了纤维束沿针运动的有关各力,其中：C为离心力,它通过工艺部件的中心向外,有使纤维束沿梳针向外移动的趋势；W为反作用力,与离心力的方向重合；S为挤压力,它与离心力和反作用力的方向相反；P为梳理力,它与梳针作用面的夹角为α。

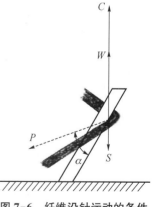

图7-6　纤维沿针运动的条件

这四种力虽然都和沿针运动有关,但作用情况不同。离心力在机器运转过程中,自始至终都在起作用。挤压力只有在两个工艺部件距离最近的地方发生作用。反作用力与挤压力一起发生,而且在挤压力消失后的短时间内继续发挥作用。梳理力只有在工艺部件同时握持纤维时才起作用。

下面着重讨论在梳理力的作用下,纤维沿针运动的条件。先做一个试验,如图7-7(a)所示,使一个纤维束B绕过梳针A,并用手拉这束纤维,用P表示它所受的拉力(也就是梳理力)。P的方向与梳针之间的夹角可以变动。当P与梳针A垂直时,纤维不发生沿针运动。然后,改变纤维束受力的方向,使其往上偏移,如图7-9(b)所示,当偏移到一定程度时,纤维即开始向针尖移动,此时P与垂直于梳针的OC线夹角为β。然后,将纤维束受力方向改为往下偏移到OC线的下方,当P的方向与OC线之间的夹角

也等于 β 时,纤维束开始向针根移动。通过分析,可以求出 β 值。

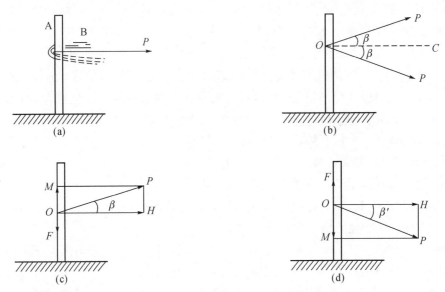

图 7-7　纤维沿针运动的力

在图 7-7(c)中,将力 P 分解为分力 H 及 M,其中:H 与梳针垂直,它是纤维束对梳针的垂直压力;M 平行于针杆的作用面,它是使纤维束向针尖方向移动的力。它们可以用下式表示:

$$H = P\cos\beta;\ M = P\sin\beta$$

纤维束能不能开始向针尖方向移动,要看力 M 能不能克服纤维束与梳针之间的摩擦力 F,F 与 M 的方向相反,纤维与钢针间的摩擦因数为 μ,则得:

$$F = \mu H = \mu P\cos\beta$$

只有当 M 大于 F 时,纤维束才能向针尖移动,即 $P\sin\beta > \mu P\cos\beta$,则:

$$\mu < \sin\beta/\cos\beta\ 或\ \mu < \mathrm{tg}\,\beta$$

纤维与梳针的静摩擦因数在 0.28 左右,β 角应在 $16°$ 左右。一般把 β 角叫作纤维与梳针之间的摩擦角。当 $\beta > 16°$ 时,纤维就沿梳针向针尖移动。

在图 7-7(d)中,用同样方法可以分析纤维束沿针尖向针根移动。使纤维束沿梳针向下移动的条件是 $M > F$。当 $M = F$ 时,纤维束开始向下移动,此时 P 与 H 之间的夹角 β' 与 β 相等。在 $\beta' + \beta = 2\beta$ 时,不论梳理力 P 的大小,纤维束都不会沿钢针发生移动,这称为"自制现象",而摩擦角的两倍叫作"自制角"。这个现象对梳理作用的进行有十分重要的意义。

通过以上的分析,可以把纤维在梳理力作用下的沿针运动分为三种情况:一种是沿针杆向针尖的运动;第二种是虽有梳理力,但不发生沿针运动;第三种是沿针杆向针根方向运动。这三种情况在梳理机上同时存在。

下面用图 7-8 说明三种运动的条件。把纤维束与钢针之间的夹角叫作梳理角,也就是梳理力与梳针作用面之间的夹角，并以 α_1 表示。OE 表示纤维束向针根移动的位置，它和钢针之间的梳理角为 α_2。$\angle EOF$ 就是自制角，它的大小等于 2β，当 β 为 16°时：

$$\alpha_1 = 74°；\alpha_2 = 106°$$

由此可知，当梳理角小于 74°时，纤维束沿钢针向针根移动；当理梳角大于 106°时，纤维束沿钢针向针尖移动；当梳理角在 74°～106°时，纤维既不向针根移动，也不向针尖移动。

假使同时考虑挤压力（S）、反作用力（W）及离心力（C），则上述条件会有变化。这三种力的关系可用下式表示：

$$R = C + W - S$$

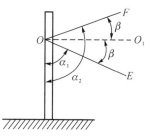

图 7-8　自制角的范围

R 是它们的总和，当其方向指向针根时为负值，指向针尖时为正值。当 R 为负值时，自制角的范围向上移，纤维束开始向针根移动时的梳理角大于 74°，开始向针尖移动时的梳理角大于 106°。相反，当 R 为正值，自制角的范围就会下移，也就是说纤维束开始向针根移动时的梳理角小于 77°，纤维束开始向针尖移动时的梳理角小于 106°。

6. 梳麻机的梳理过程综合分析

梳麻机对喂入原料有扯松、均匀、混合、除杂及形成麻结（麻粒子）等作用。这些作用在梳麻机的工作过程中，都是联系在一起而相互影响的。因此，梳麻机的工作质量取决于这些作用的完善程度。

（1）扯松作用。梳麻机的扯松作用与梳理的实质是一致的，只是作用大小不同。梳麻机的扯松作用是在纤维被积极握持的情况下，由高速回转的梳针插入纤维块中而实现的。因此，梳麻机的扯松作用比较强烈，主要由喂麻机和锡林共同完成。当喂麻帘子上送入喂麻机构的麻层露出喂麻罗拉时，立即受到高速回转的锡林的梳理作用。这样，在锡林与喂麻机构间有下列四种情况：

① 纤维受到梳理。当锡林钢针对纤维的握持力 $F_{锡}$ 小于喂麻罗拉对纤维的握持力 $F_{喂}$ 时，两种握持力都小于纤维的强力 $F_{纤}$，即 $F_{纤} > F_{喂} > F_{锡}$。这种情况类似于纤维的一端被握住，另一端受到梳理力的精梳，实现了纤维的梳理。

② 纤维被扯松（即松解）。随着纤维被锡林带向前方，喂麻罗拉对纤维的握持力 $F_{喂}$ 渐渐增大，但两种力都小于纤维的强力 $F_{纤}$，即 $F_{纤} > F_{锡} > F_{喂}$，此时纤维被钢针握持，并从纤维块（束）中抽出，使纤维块（束）逐渐破坏，达到纤维被扯松的目的。这种情况在梳麻机的锡林与喂麻机构间是主要的，而且是工艺上必需的。

③ 纤维被拉断。当纤维一端露出喂给机构，受到梳针的梳理作用时，不论喂麻罗拉的握持力 $F_{喂}$，还是锡林梳理力 $F_{锡}$，都大于纤维的强力 $F_{纤}$，即 $F_{喂} > F_{纤}$ 或 $F_{锡} > F_{纤}$，此时纤维被拉断。这种情况在工艺设计中要尽量避免。然而，由于纤维喂入状态不良，纤维难免会受到操作损伤。

④ 产生落麻。有一部分较短的纤维在离开喂麻罗拉的握持，但没受到梳针梳理时，只能依附周围较长纤维，成为游离纤维，最终在气流的作用下成为落麻。

锡林与喂麻机构的作用取决于锡林的速度、锡林与喂麻罗拉的速比、锡林与罗拉之间的隔距、喂入纤维的性状等。

　　（2）梳理作用。梳麻机的梳理作用主要发生在锡林与工作罗拉之间，其次是锡林与喂麻罗拉之间、锡林与道夫之间。

　　① 锡林与工作罗拉之间的梳理作用。从梳理机的工艺过程可知，锡林上的纤维在经过一对工作罗拉与剥麻罗拉时，就有一部分纤维被转移到工作罗拉上，同时受到一次梳理，当这部分纤维经剥麻罗拉剥取后，锡林在通过工作罗拉表面时，有可能使已经梳理过的纤维的一部分又转移到工作罗拉上而受到重复梳理。由此可知，重复梳理是梳麻机的一个重要特点。

　　Kp 是分配系数，它表明锡林单位面积上的纤维经过工作罗拉时能转移的纤维量。Kp 值的计算可按下面情况进行：

　　a. 在不计梳麻过程中落麻量和剩留在锡林上的纤维量的情况下：

$$Kp = \beta/(\alpha + \beta)$$

式中：β ——工作罗拉抓取纤维的能力，即锡林表面 1 m^2 中转移到工作罗拉上的纤维量，g/m^2；

　　　　α ——锡林表面的喂给负荷，g/m^2。

$$\alpha = Q/(V_1 Bt) = Q/(\pi d_1 n_1 Bt) = Q/(n_1 8.9 t)$$

式中：Q ——在 t 时间内喂入梳麻机的纤维量，g；

　　　　V_1 ——锡林表面速度，m/min；

　　　　d_1 ——锡林的回转直径，m；

　　　　B ——锡林的工作宽度，m；

　　　　n_1 ——锡林的回转速度，r/min；

　　　　8.9——亚麻梳麻系统中联合梳麻机锡林的工作表面积，m^2；

　　　　t ——喂入麻纤维的时间，min。

　　b. 考虑锡林表面有返回负荷 A，即锡林表面的纤维经过两只道夫后，仍有一部分纤维带回，重新参与梳麻机梳麻过程。此时的分配系数：

$$Kp = \beta/(A + \alpha + \beta)$$

式中：A ——锡林表面的返回负荷，g/m^2。

　　c. 考虑梳麻机梳麻过程中的落麻量。此时的分配系数：

$$Kp = \beta/[(A + \alpha) \times (1 - m) + \beta]$$

式中：m ——梳麻机的落麻率，%。

　　d. 考虑锡林速度与工作罗拉速度的比值即梳麻机的梳理程度 V_1/V_2。此时的分配系数：

$$Kp = \beta/[(A + \alpha)(1 - m)V_1/V_2 + \beta]$$

式中：V_1——锡林表面速度；

$\qquad V_2$——工作罗拉表面速度；

$\qquad V_1/V_2$——梳麻机的梳理程度。

公式 $Kp = \beta/(\alpha + \beta)$ 描述的是实际生产中梳麻机的锡林与工作罗拉发生梳理作用时，工作罗拉抓取纤维的真实能力。

因此，只要求得工作罗拉的分配系数 Kp，代入 $P = Kp/(1 - Kp)$，就很容易知晓纤维受到梳理作用的强烈程度。由此可知，提高 Kp 对梳理作用的加强是有利的。

② 影响锡林与工作罗拉分配系数的工艺因素。

a. 工作罗拉表面速度 V_2。分配系数 Kp 随着工作罗拉表面速度的提高而增加。一般工作罗拉表面速度 V_2 提高 $3\% \sim 10\%$，Kp 增加 1% 左右，因为 V_2 提高后，聚集在工作罗拉表面的纤维层变薄，提高了梳针的抓取能力。

b. 锡林与罗拉之间的隔距。Kp 值将随着其隔距的减小而提高。实际上，此因素影响明显，两者隔距减小 $2\% \sim 3\%$，Kp 约增加 1%。假设生产中将 V_2 提高和隔距减小的方法相结合，将使 Kp 值增加得很大。因此，改变隔距是调整梳理作用最常用的方法。

c. 锡林的喂给负荷 α_0 在一般情况下，Kp 随着 α 的增大而下降。只有在原来的 Kp 较小，工作罗拉表面负荷不大的情况下，Kp 才有可能随着 α 的增大而增大，但维持时间甚短。

d. 针板规格。针板上的钢针号数、植针角度、植针密度、针的工作长度等，均会影响工作机件抓取能力，使 Kp 受到影响。因为对于工作罗拉抓取纤维的能力，其本身的针板规格是重要因素，而且锡林针板规格也有影响。因此，适当增加锡林的针密，将有助于提高工作罗拉抓取纤维的能力，使 Kp 提高。

e. 喂给纤维的性状。喂给纤维的软硬松散程度及纤维的长度等对分配系数有影响。纤维松散不易被工作罗拉抓取，所以 Kp 随着纤维前进方向，依工作罗拉次序而逐渐减小。纤维越长，在隔距不变的情况下，工作罗拉抓取纤维越容易，所以 Kp 会增加；纤维越柔软，Kp 也会增大。

③ 平均循环梳理次数 P 的计算。当锡林与工作罗拉间的分配系数 Kp 求出后，平均循环梳理次数可按下式计算：

$$P = Kp/(1 - Kp)$$

由此可见，Kp 值增大，平均循环梳理次数 P 亦增大，说明纤维受到的梳理作用也增强。由于亚麻梳理机上共有七个工作罗拉，则纤维经历的总的平均循环梳理次数：

$$P = P_1 + P_2 + P_3 + P_4 + \cdots + P_7$$

亚麻纺纱生产中，从纤维自锡林转移到工作罗拉时受到梳理的纤维数来看，在不考虑返回负荷、落麻率及梳理程度的情况下，一般 $Kp = 0.5 \sim 0.8$ 时，$P \geqslant 1$。实际上，因返回负荷、落麻率及梳理程度的影响，Kp 值低于 0.5，也就是 $P < 1$。

④ 锡林与道夫间的梳理作用。锡林与道夫间的梳理作用和锡林与工作罗拉之间的梳理作用相似，不同的是锡林上的纤维被转移到道夫上后，即被斩刀斩下而送出机外，不再像转移到工作罗拉上的纤维，有参与重复梳理的机会。因此，锡林与道夫间的分配系数表示

道夫抓取纤维的能力。它的计算公式如下：

$$K_c = \alpha / (A + \alpha)$$

式中：α ——锡林表面的喂给负荷，g/m^2；

A ——锡林表面的返回负荷，g/m^2。

从以上公式可知，提高 K_c 能增加梳麻机的输出量，亦表示返回负荷减小，即减小了参与循环梳理的纤维量，均匀混合作用将降低。但是 K_c 过低，会使返回负荷增加，锡林的负荷过大，将严重影响梳理质量。因此，关于 K_c 的大小，应从梳麻机的整个梳理效果综合考虑。

（3）混合作用。

① 梳麻机的混合作用主要发生在锡林与工作罗拉、剥麻罗拉及锡林与道夫之间。

a. 在锡林与工作罗拉之间，当锡林上一部分纤维转移到工作罗拉上时，因为工作罗拉的表面速度较锡林慢，这样在锡林较广表面上的纤维聚集到工作罗拉针面，起到了混合纤维的作用。

b. 当工作罗拉的纤维层通过剥麻罗拉，被剥麻罗拉剥下并转移给锡林时，锡林带来的新纤维仍被锡林带走，成为返回负荷，这些纤维又与新喂入的纤维混合，达到纤维的混合作用。

② 混合作用的量度主要有以下几点：

a. 锡林与工作罗拉、剥麻罗拉之间的纤维混合程度用混合系数 K_u 度量，在数量上用公式表示：

$$K_u = \beta / (\alpha + \beta)$$

式中：β ——锡林表面 $1\ m^2$ 中转移到工作罗拉表面的纤维量，g/m^2；

α ——锡林表面的喂给负荷，g/m^2。

由公式可知，混合系数 K_u 和分配系数 K_c 在数值上完全相同，说明混合程度决定了锡林上纤维被工作罗拉抓取的能力。因此，锡林与工作罗拉对纤维梳理的同时，也进行着纤维的混合作用。为此，凡影响 Kp 的因素就是影响 K_u 的因素。为了使纤维混合更好，生产中所用各工作罗拉的速度不相等，一般是 $1^{\#}$ 最低，$2^{\#}$ 次之，$3^{\#} \sim 7^{\#}$ 较快。

b. 锡林与道夫间的纤维混合程度。因锡林上的纤维转移给道夫后，不再交回锡林，而由引出罗拉直接输出，又因锡林上的纤维不是全部给道夫而有返回负荷，因此，在喂给负荷一定的情况下，锡林每次转移到道夫的纤维量总是一样，只不过其质量不同而已，即：

$$Q = g(r_m + r_{m-1} + \cdots + r_1) = g$$

式中：Q ——锡林每转转移给道夫的纤维量，g；

g ——喂给梳麻机的纤维量，g。

$r_m + r_{m-1} + \cdots + r_1$ ——锡林上喂入纤维在第 1 至第 m 转内分别转移给道夫的百分比，其和为 1。

由公式可知，锡林每回转一次获得的喂入纤维，要经过 $1 \sim m$ 转，才逐步转移给道夫，所以混合作用是明显的。

（4）均匀作用。梳麻机对短片断的均匀度改善有明显效果。

① 梳麻机产生均匀作用的原因。

a. 纤维材料在梳理过程中的多次并合作用。在梳麻机上，由于各机件的表面速度不同，会发生不同的现象。当高速回转机件上的纤维转移到低速机件上时，就会产生聚集现象，如锡林上的纤维转移到工作罗拉或道夫上的情形。当低速回转机件上的纤维转移到高速回转机件上时，会产生分散现象，如喂麻罗拉或剥麻罗拉上的纤维转移给锡林针面的情形。这种纤维分散或聚集的现象，就是纤维得到均匀的过程。

由此可见，梳麻机上的均匀作用和混合作用是同时发生的，因此其与分配系数 Kp 和 K_c 也有直接关系，当 Kp 值和 K_c 值增大时，均匀作用增大。

b. 锡林表面的返回负荷及锡林针板聚集纤维的能力。锡林上的针是具有弹性的，纤维材料又是一种半弹性体，当纤维层受到压缩时，便产生抵抗压缩的弹性力，这种弹性力与纤维性质、温湿度及充塞到针间的纤维数量等因素有关。当通过的纤维数量增加时，挤压力增大，纤维层受到压缩而使针板吸收一部分纤维；而当通过的纤维量减少时，挤压力变小，这时就在弹性力的作用下，克服压力和摩擦阻力，将原先聚集在针隙间的部分纤维抛出，而补偿一部分纤维的减少，促使短片段均匀。

但是，这种均匀作用是有限的，当针板被纤维充塞到一定程度后，它就不再有吸收纤维的能力，因此工厂中要定期对梳麻机进行抄针等。

② 梳麻机均匀作用的计算。一般利用以下公式：

$$C = C_0 [1/ (1+2P)^{1/2}] \times 100\%$$

式中：C ——经过梳麻机作用后，纤维制品的短片段不匀率，%；

C_0 ——喂入梳麻机的纤维制品的短片段不匀率，%；

P ——（全部工作件）总的平均循环梳理次数。

当采用亚麻卷并合喂入时：

$$C_0 = (C_{01}/N^{1/2}) \times 100\%$$

式中：C_{01} ——喂入麻卷的短片段不匀率，%；

N ——喂入麻卷的并合数。

（5）除杂作用（清洁作用）。除杂作用是梳麻机的重要任务。梳麻机清除杂质及短纤维的作用，主要发生在剥麻罗拉与工作罗拉之间的剥麻区域，以及剥麻罗拉及锡林的表面。

① 剥麻罗拉与工作罗拉之间的剥麻区域除杂。主要按工作罗拉、剥麻罗拉的工作性质区分，由于速度较快的剥麻罗拉从工作罗拉上剥取纤维时，纤维层得到拉伸，使短纤维及杂质处于浮游状态，而纤维层在钢针的不断打击下发生抖动。当纤维层在工作罗拉与剥麻罗拉工作区内慢速回转的白铁筒上滑过时，纤维层中的杂质及短纤维就落在其中，并由其带出落下，而长纤维被剥麻罗拉抓取后带给锡林。

由此可知，剥麻罗拉的速度越高，对纤维的打击力也越大，纤维层被拉伸得越薄，这利于除杂及去除短纤维的作用增强。

② 剥麻罗拉与锡林表面的除杂。主要根据杂质、纤维的不同物理性质,利用剥麻罗拉与锡林的高速回转,使它们获得不同的离心力,从而达到从纤维中分离出杂质的目的。

③ 影响除杂效果的因素。

a. 杂质与纤维在纤维层上的位置。一般是杂质与短纤维的位置越近,纤维层表面越易除杂。

b. 杂质与短纤维和长纤维的纠缠在一起的情况。一般是被长纤维裹住的杂质与短纤维不易被除去。

c. 纤维层厚度。一般纤维层薄,除杂容易,所以机器的喂入负荷应尽可能小。

d. 剥麻罗拉与锡林表面速度。一般要求剥麻罗拉的表面速度高,因速度高产生的离心力大,除杂容易。

e. 白铁滚筒剥麻区域的隔距。一般含杂高的纤维,要求隔距大。如含杂少,隔距大,有可能使纤维成为落麻。

(6) 形成麻结(麻粒子)的作用。把纤维结在一起的状况叫作麻结(俗称麻粒子),它是评定梳麻机工作质量的重要指标。

① 形成麻结的原因。

a. 纤维在梳理过程中断裂。当纤维被两针面握持后,握持力或梳理力大于纤维强力时,就会发生断裂。断裂时,纤维产生急弹性变形,使纤维一端回缩,与邻近的纤维扭在一起,形成麻结。

b. 纤维在两针面的搓动或滚动。纤维没有被两针面中的任何一个握持,当两针面的隔距较大时,就出现纤维搓动现象,使几根纤维搓成麻结;当两针面的隔距较小时,就出现纤维滚动现象,使纤维滚成一团而成麻结。

② 影响麻结产生的因素。

a. 锡林与喂麻罗拉的速比及锡林与工作罗拉的速比。这两个速比大,表示梳理力有可能大于纤维强力且使纤维断裂。

b. 锡林与喂麻罗拉间的隔距及锡林与工作罗拉间的隔距。这两个隔距太大,会使一部分纤维搓动,而太小会使一部分纤维滚动。

c. 纤维长度。纤维越长,越易产生麻结。从力学上分析可知,纤维一端被梳针抓住时,就如悬臂梁一样,如图 7-9 所示,另一端产生挠度。挠度 F 的计算公式如下:

$$F = \frac{WL^4}{8EI}$$

式中:W ——纤维上受到的均匀分布载荷,N/m;

L ——纤维露出握持点的长度,cm;

E ——弹性模量,Pa;

I ——物体的转动惯量,$I = \pi d^4/4$;

d ——纤维直径,cm。

由此可见,挠度与纤维露出长度握持点的 L 的 4 次方成正比。越长的纤维越易弯曲,越易与邻近的纤维扭在一起,因此越易产生麻结。

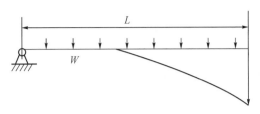

图 7-9　纤维的悬臂梁

d. 纤维细度。纤维越细,越易产生麻结。纤维越细则越柔软,越易变形,越易与邻近纤维纠缠在一起而产生麻结。

7. 梳麻机的工艺参数

(1) 分配系数。梳麻机上锡林与工作罗拉、锡林与道夫之间的分配系数在工艺上有重要意义。分配系数的大小,不仅会影响工作罗拉抓取纤维的循环次数多少,而且会影响留在锡林上的纤维和返回负荷的循环梳理次数多少,因此可以直接反映梳麻机梳理、均匀、混合作用的好坏。

① 锡林与工作罗拉之间的分配系数 Kp,适当选择下列工艺因素:

a. 工作罗拉的纤维负荷量 B,可按以下公式计算:

$$B = Q/V_p$$

式中: Q ——梳理机的理论产量,g/min;

V_p ——工作罗拉的线速度,m/min。

生产实践证明,工作罗拉的纤维负荷量越大, Kp 的值越小。从公式可知,欲使工作罗拉的纤维负荷量小,提高工作罗拉的线速度即可,从而使 Kp 提高,使纤维的平均循环梳理次数 P 增大。

b. 锡林表面的喂给负荷量 A,可按下式计算:

$$A = Q/(n_1 \times 8.9)$$

式中: Q ——梳理机的理论产量,g/min;

n_1 ——锡林的转速,r/min;

8.9——锡林的工作表面积,m^2。

亚麻纺纱生产实践证明,锡林表面的喂给负荷量增大,会使分配系数 Kp 下降,从而使梳理质量下降。从公式可知,欲使锡林表面的喂给负荷量 A 减少,可提高其转速 n_1。但由于锡林的回转直径大,它的转速被限制在 $140 \sim 180$ r/min。因此,在梳麻机上选择锡林的速度时,要考虑机器产量与质量的关系。

② 锡林与道夫间的分配系数 K_0。除了适当选择工作罗拉的负荷及锡林的喂给负荷外,还要适当选择道夫的速度 V_0。生产实践证明,道夫速度提高, K_0 值增大。因此,只要剥取斩刀能适应,选择高一些的道夫速度对 K_0 是有利的。为了既保证 K_0 值又保证道夫上的麻网被斩刀顺利剥下,一般规定道夫每转过 1 m 表面,斩刀的摆动次数不小于 80。

(2) 隔距。隔距是梳麻机的又一个重要工艺参数。生产中,调整隔距是控制梳麻机最常用的手段。

① 选择隔距的基本原则。

a. 要符合纤维的梳理原则,即纤维受到的梳理作用是由浅入深、由弱到强的逐步梳理。

b. 正确规定轻打轻梳,或轻打重梳,或重打重梳工艺。

所谓轻打或重打,表示的是纤维在喂入梳麻机时所受到的锡林梳针作用的强弱或轻重情况,表现在喂入机构与锡林间的隔距。如亚麻梳麻机的喂麻罗拉与锡林间的隔距小为重打,打击作用强烈;反之为轻打,打击作用弱。所谓轻梳、重梳,是指在工艺上表示纤维受到梳理作用的强弱情况,体现在锡林与工作罗拉间的隔距上。此隔距小为重梳,梳理作用强;反之为轻梳,梳理作用弱。

② 梳麻机上常调的隔距。

a. 喂麻罗拉与锡林间的隔距。此隔距决定纤维受损、产生麻结及纤维变短的情况,是梳麻机重要工艺参数之一。

b. 工作罗拉与锡林间的隔距。此隔距影响锡林与工作罗拉间的分配系数,也是影响梳麻机工作效果的重要工艺参数。生产中,$1^{\#} \sim 7^{\#}$ 工作罗拉与锡林间的隔距,依纤维的前进方向逐渐变小,使纤维受到的梳理作用逐渐加强。

c. 工作罗拉与剥麻罗拉间的隔距。此隔距的作用是保证工作罗拉针面上的纤维被剥麻罗拉全部剥下,使工作罗拉以干净的表面去抓取锡林上的纤维。因此,此隔距在两个针面不碰针的情况下,应尽可能小,并按纤维逐渐疏松的情况,依 $1^{\#} \sim 7^{\#}$ 工作罗拉与剥麻罗拉对的顺序,逐渐变小。

d. 剥麻罗拉与锡林间的隔距。此隔距的作用是保证剥麻罗拉从工作罗拉表面剥取的纤维全面转移给锡林。因此,此隔距在两个针面不碰针的情况下,应尽可能小,并按 $1^{\#} \sim 7^{\#}$ 工作罗拉的顺序,逐渐变小。

e. 道夫与锡林间的隔距。此隔距关系到机台的产量,又关系到锡林与道夫间的分配系数。因此,生产中一般采用小隔距。

f. 道夫与斩刀间的隔距。此隔距要保证聚集在道夫上的纤维全部被斩刀剥下。

③ 亚麻联合梳麻机生产中常用的隔距如表 7-4 所示。

表 7-4　亚麻联合梳麻机生产中常用的隔距

隔距名称	隔距(mm)
喂入罗拉与锡林	3.0～3.5
$1^{\#} \sim 3^{\#}$ 工作罗拉与锡林	1.3
$4^{\#} \sim 5^{\#}$ 工作罗拉与锡林	1.1
$6^{\#} \sim 7^{\#}$ 工作罗拉与锡林	0.9
$1^{\#} \sim 3^{\#}$ 剥麻罗拉与锡林	1.5
$4^{\#} \sim 5^{\#}$ 剥麻罗拉与锡林	1.3
$6^{\#} \sim 7^{\#}$ 剥麻罗拉与锡林	0.9

（续表）

隔距名称	隔距(mm)
1#～3#工作罗拉与锡林	1.7
4#～5#工作罗拉与锡林	1.3
6#～7#工作罗拉与锡林	0.9
上道夫与锡林	0.8
下道夫与锡林	0.7
道夫与斩刀	1.5

（3）速比。工作机件的速度对梳麻机的产量和质量有重大的影响。纺纱学上通常将两个工作机件的表面速度之比称为速比。速比也是梳麻机的重要工艺参数。

① 锡林的速度。梳麻机上的锡林由于回转直径太大,高速运转受到限制。一般亚麻梳麻机的锡林速度为 140～180 r/min。欲改变工作机件的速比时,一般都改变其他工作机件,很少变动锡林的转速。

② 锡林与喂入罗拉的速比。此速比间接地反映喂入单位长度的麻层受到锡林梳针的梳理次数和纤维受到的打击力。因为此速比很大时,纤维受到的梳理作用会非常强烈。因此,对于强力低的纤维,此速比不宜过大,而对强力较高较粗硬的纤维,此速比可稍高些。

③ 锡林与工作罗拉的速比。在亚麻纺纱学中,称锡林与工作罗拉的速比为梳理程度。可见,此速比与梳麻机的梳理质量有很大关系。此速比过大或过小都不适宜。对于品质正常的纤维,此速比为 80～1 000 的速比时,加工效果良好。

④ 剥麻罗拉与工作罗拉的速比。为了保证剥麻罗拉将工作罗拉表面的纤维层全部剥下,此速比应保证在 5 以上。但剥麻罗拉的速度又决定着梳麻机的除杂能力,因此,此速比需按原料含杂情况进行选择,一般以高些为好。

⑤ 锡林与道夫的速比。这个速比一般不变动,其值比锡林与工作罗拉的速比稍小些为好。

⑥ 牵伸罗拉(引出罗拉)与喂麻罗拉的速比。此速比也称为梳麻机的牵伸倍数。生产经验表明,输出麻条细度不变,或者单位时间内喂麻质量不变时,牵伸倍数小些,得到的麻条品质较好。

（4）针板。针板、隔距与速度构成决定梳麻机作用的三大要素。针板一般包括植针密度、植针倾角和针的规格(直径和长度)。

① 选择针板的依据。

a. 加工纤维材料的性质。一般纺高线密度(低支)纱的粗硬纤维时,采用较小的植针密度和较粗的钢针针板。

b. 根据逐步梳理的原则,同一机台上各加工机件所用的针板应不同。一般来说,1#～3#工作罗拉或剥麻罗拉上的针板应植针密度稀且钢针直径粗,6#～7#工作罗拉或剥麻罗拉上的针板应植针密度密且钢针直径细。

② 针板的尺寸规格。亚麻梳麻机上针板的尺寸规格如表 7-5 所示。

表 7-5　亚麻梳麻机上针板的尺寸规格　　　　　　　单位：mm

机件名称	光面直径	针板长度	针板弦宽度	针板厚度
锡林	1 524	610	76	12.5
喂麻罗拉	51	610	51	7.0
剥麻罗拉	203	610	—	9.5
道夫	355	610	—	9.5
工作罗拉	178	610	—	9.5

（三）牵伸头（送出车头）

牵伸头实际上是一台推排式并条机，其作用是把从梳麻机出来的麻条经牵伸、并合，成为具有一定细度、结构均匀的长麻条。

四、混麻加湿

（一）混麻加湿工序的任务

混麻加湿工序是亚麻短麻纺纱的第一道工序。目前，国内的亚麻纺纱厂多数采用混麻加湿工序，有部分工厂采用 CⅢB 型黄麻回丝机或混麻联合梳麻机或其他国产仿造型设备，少数引进其他国家（如意大利）的设备。

（1）按照配麻的技术要求，正确地进行配麻。

（2）把短麻纤维进行初步开松、梳理、除杂、混合、加湿等，尽可能地去除短纤维中含有的草杂及不可纺纤维。

（3）对制成的麻条在成卷前进行加湿给乳，便于麻卷的均匀加湿养生。

（4）把短麻原料（主要是机器短麻）制成具有一定结构的麻卷（麻条），以便后道工序使用。

（二）混麻加湿机

混麻加湿机是可以加工亚麻、大麻、汉麻、黄麻、红麻等短麻纤维的多功能机台。混麻加湿机由多道组合式机台组成，能将人工扯松的纤维（或整包的短麻纤维）直接喂入机台，通过机台上的多道装置，初步将散纤维制成麻条卷，为下道工序加工做准备。

1. 混麻加湿机的工艺过程

如图 7-10 所示。短麻原料 1 通过辊式运输带 2 和角钉运输带 3 向前输送，经拆包机角钉运输帘 4 上的角钉抓取并带走麻纤维，与梳针式滚筒 5 共同作用于纤维，对将开松。均麻斩刀 6 将多余的纤维打落下来。拆包机角钉运输帘把开松的纤维带到水平运输带 7 上。喂麻机针帘 8 抓取水平运输带 7 上的麻纤维，运送到输出运输带 11 上。水平摇栅 9 和均麻斩刀 10 起到剥取多余纤维和均匀麻层的作用。输出运输带 11 上的纤维进入成层槽。纤维经均麻水平摇栅 12，通过出麻口 13，由运输带 14 输出，在自重加压辊 15 的作用下进入梳理区。纤维在沟槽加压罗拉 16、喂入罗拉与尘栅 17 的作用下，受到大锡林 18、工作罗拉 19、清除罗拉 20、大锡林 21、道夫 22 的作用。输出的麻网在牵伸罗拉对 23、出麻板 24、紧压罗拉 25 的作用下，再经淌条板 26 输出麻片。麻片由加湿器 27 的喷嘴加湿，经输出罗拉 28、成卷器 29，形成麻卷 30。麻卷用布包裹。

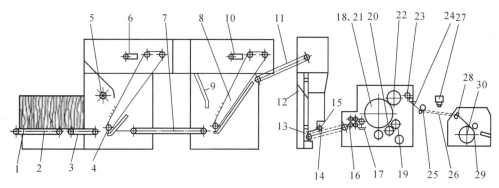

图 7-10　亚麻混麻加湿机工艺过程示意

2. 混麻加湿机的技术参数

表 7-6 所示为混麻加湿机的技术参数。

表 7-6　混麻加湿机的技术参数

技术参数	数值	技术参数	数值
产量[kg/(台·h)]	≤484	引出麻条线密度(ktex)	120～200
引出罗拉速度(m/min)	40～60	制成率(%)	0.92
同时拆包数(个)	2	技术利用系数	0.85
输出麻条宽度(mm)	50±3	牵伸罗拉对直径(上/下)(mm)	156/102
麻卷直径(mm)	≤800		

3. 混麻加湿机的主要机构及作用

（1）拆包机构。如图 7-11 所示，拆包机构主要由辊式运输带、角钉运输带、带有两个侧壁门的拆包机储麻箱及安装在储麻箱内的角钉针式运输帘、梳针式滚筒、均麻斩刀等组成。拆包机上的运输带、运输针帘的转动由机台两端装的环形链条带动。

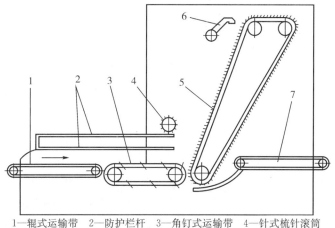

1—辊式运输带　2—防护栏杆　3—角钉式运输带　4—针式梳针滚筒
5—角钉针式运输帘　6—均麻斩刀　7—水平运输带

图 7-11　拆包机示意

如图 7-12 所示,传动轴 1 通过三角传送带 2 传动减速器 3。减速器的输出轴上装有圆盘 4。圆盘上的偏心轴 5 带动掣子杆 6 和杠杆 7 做往复运动,传动掣轮 8 转动。掣轮带动辊式运输带的主轴 9,由主轴带动机台两端的环形链条 10 转动,由此带动辊式运输带、角钉运输带做往复转动。掣子与掣轮配合的作用是防止运输带倒转。辊式运输带和角钉运输带的转动速度可由拆包机储麻箱右侧扇形板上的 8 个孔,借助手柄 11 和连杆 12 进行调节,而且能均衡拆包机储麻箱内的纤维量。当拆包机储麻箱内的纤维过量时,手柄 11 可自动停止运输带转动,反之手柄 11 可自动启动运输带转动,继续向储麻箱喂入纤维。

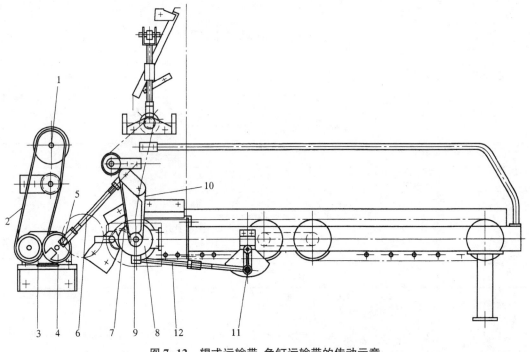

图 7-12　辊式运输带、角钉运输带的传动示意

(2)喂麻机构。喂麻机构主要由水平运输带、角钉针式运输帘、均麻斩刀、水平摇栅探测板、输出运输带、带有两个侧壁门的喂麻机构储麻箱等构成。

喂麻机构上的角钉针式运输帘和均麻斩刀的结构和作用与拆包机构基本相似,不同的是角钉针式运输帘钢辊上的植针密度不同。水平运输带输送的纤维束被角钉针式运输帘抓取。喂麻机构上,在均麻斩刀与水平运输带之间装有水平摇栅,其作用是控制角钉针式运输帘上的纤维量。

水平摇栅的工作原理:水平摇栅的探测板一端在喂麻箱内,另一端是固定杠杆和水平重锤。当角钉针式运输帘抓取的纤维束过厚时,过量的纤维束被均麻斩刀压在探测板上,使探测板一端向下倾斜,固定杠杆和水平重锤一端升起,使无触点传送器关闭限位开关,暂时停止拆包机工作,中断对喂麻机构的纤维供给。随着探测板一端上的纤维束逐渐被喂麻机构的角钉针式运输帘抓取,固定杠杆和水平重锤一端下降,探测板一端向上倾斜,使无触点传送器接通限位开关,拆包机构恢复工作,向混麻机构供应纤维。被均麻斩刀开松的纤维束被角钉针式运输帘抓取,随后落入与成层箱机构相连接的运输带上的成层槽。混麻机构上与同拆包机构同样作用的角钉针式运输帘底托和活动门。

(3)成层箱机构。如图 7-13 所示,成层箱机构由框架箱、均麻水平摇栅 3、出麻口紧压罗拉及运输带等组成。框架箱 2 由金属架 1 构成,箱的四壁是透明的塑料板,便于观察由混麻机构输出至成层箱机构的纤维束块下落情况。由运输带 5 投入的纤维束块质量,直接影响每条麻卷的质量。纤维束块重且大,每条麻卷的质量大;反之,纤维束块松散,每条麻卷的质量较小。成层箱机构中装有由无触点传送器关闭开关 4 控制的均麻水平摇栅 3,其作用是控制由混麻机构输出至成层箱机构的纤维量。均麻水平摇栅一端装有经过框架箱后壁切口伸入箱内的三根探针,另一端是固定杠杆和水平重锤。成层箱机构中均麻水平摇栅的工作原理与喂麻机构中的水平摇栅相似。当箱内的纤维面过高时,探针被纤维束压住而向下倾斜,固定杠杆和水平重锤向上升,通过无触点传送器关闭

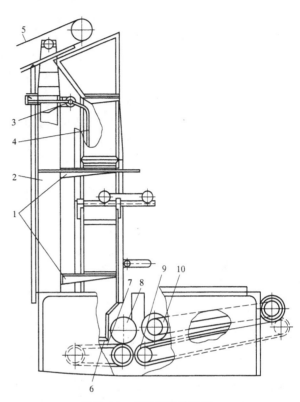

图 7-13 成层箱机构示意

开关 4 停止喂麻机构工作,中断对成层箱机构的纤维供给。随着箱内纤维的不断输出,箱内纤维面降低,固定杠杆和水平重锤下降,探针上升,无触点传送器接通限位开关,使喂入机构恢复工作,向成层箱机构供应纤维。成层箱出麻口 6 是活动机构,上面嵌有活动标牌和活动指针,出麻口的隔距范围为 150～250 mm,可控制输出麻层单位质量。由出麻口输出的纤维,经运输带 7、9 并被紧压罗拉 8、10 压实后,输送至梳麻机。

(4)梳麻机构。梳麻机构由喂入机构和梳理机构两部分组成。

① 喂入机构。喂入机构由运输带、自重加压辊、两对沟槽加压罗拉、喂入罗拉和托麻板组成。由成层箱出麻口输出的纤维在运输带上铺成一定厚度的麻层,运输带上的自重加压罗拉将麻层压紧。接着,两对沟槽加压罗拉将喂入的麻层压实握持。沟槽罗拉采用弹簧式加压,为防止沟槽罗拉缠麻,上沟槽罗拉采用活动装置。如果发生缠麻现象,将控制弹簧的螺丝拧开,即可抬起上沟槽罗拉,摘除缠麻后,可将上沟槽罗拉落回原位装好。

喂入罗拉是一周装有针板的梳针式罗拉。喂入罗拉将从沟槽罗拉喂入的麻层撕扯成小麻束输入梳麻机。在喂入罗拉下面装有托麻板,当大块的纤维束落下时,被托麻板表面托持,之后被喂入罗拉重新抓取,送入梳麻机构。托麻板上有孔隙,可使粉尘及杂质落入尘道。

② 梳理机构。梳理机构由大锡林、工作罗拉、清除罗拉、道夫、光面托麻辊、牵伸罗拉对等组成,其中大锡林、工作罗拉、清除罗拉、道夫等部件均为外包钢针式针板的梳针式罗拉。由于各罗拉针板上的钢针直径、植针密度、针齿方向、针齿角度及罗拉间的速比不同,它们对纤维的作用也不相同。光面托麻辊的外部包覆白铁皮桶。牵伸罗拉对采用的是表面加工成较光滑的金属长轴式罗拉对。

梳理机上各机件的作用:首先,由喂入罗拉输入的纤维层被大锡林抓取、扯松、梳理后,转移到工作罗拉上。工作罗拉的表面速度较低,工作罗拉与大锡林的速比为 1∶(51.6～75.4)。工作罗拉的转动方向和表面梳针板的植针方向与大锡林相反,纤维在转移过程中得到梳理。清除罗拉的作用是剥取工作罗拉上的纤维。清除罗拉的表面速度高于工作罗拉,两者的速比为(7～11.4)∶1。清除罗拉表面梳针板的植针方向与工作罗拉相反。工作罗拉上的纤维,在被清除罗拉高速剥取转移过程中,同时受到针板梳针打击,部分杂质被击落,起到除杂作用。

转移至清除罗拉上的纤维束被高速回转的大锡林剥取而返回大锡林。大锡林与清除罗拉的速比为(5.6～6.4)∶1。从清除罗拉返回大锡林的纤维束,一方面受到梳理作用,另一方面与喂入罗拉输入的纤维相遇,产生均匀混合作用。在工作罗拉和清除罗拉的下面,各装有一个光面托麻辊,其作用是防止纤维落入废麻斗。在纤维束转移过程中,大块纤维束下落时即被光面托麻辊托持,重新被针板上的梳针抓取而返回罗拉。

道夫与大锡林的速比为 1∶(23.2～34)。以较低的速度,并沿可凝聚纤维的针板植针方向,将大锡林上的纤维束剥取,并凝聚在道夫的表面形成纤维层,之后被牵伸罗拉对剥下。牵伸罗拉对的下罗拉为固定式,上罗拉为活动轴,其紧压在下罗拉上。牵伸罗拉的表面速度高于道夫,从道夫上剥取纤维层。被剥取的纤维层顺着出麻板输往成卷机构。

梳理机的电动机轴上装有离心式离合器装置,它使梳理机能平稳启动。为了保证紧急情况下机器的工作部件在 12～18 s 内迅速停止运行,梳理机上装有带式制动器,它制动器由制动带、杠杆重锤、液压顶杆和挡铁组成。当开动机器时,液压顶杆抬起杠杆重锤并使其沿顺时针方向转动,这时制动带解除制动力。当梳理机的电动机停止工作时,液压顶杆在重锤的作用下做逆时针转动。制动带紧紧地包缠着皮带盘,利用摩擦力制动机器,使其停止转动。

(5)成卷机构。成卷机构如图 7-14 所示。从成条机引出的麻条 12 进入引导罗拉 13,再被紧压滚筒 14 引到离合套筒 15,套筒以端面的齿牙将麻条挂住,因此麻条开始卷到套筒上。制动带保证了麻条结实地卷绕。随着麻卷直径的增加,制动带可以阻止紧压滚筒向外偏移。用螺丝 9 拉紧制动带,以螺丝 10 拧紧制动瓦,可以调节紧压滚筒压向麻卷的力量。制动带的另一端与绕轴 8 转动的

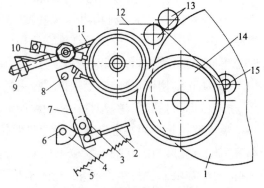

图 7-14　成卷机机构示意

杠杆 7 相连。杠杆 7 的另一端装有被凸轮 4 控制的转子 3。凸轮 4 安在分配轴 6 上。连杆 2 上装有弹簧 5,同成卷盘 1 的摇架相连,并操纵其中的一个成卷盘。需要的时候,它可以放松麻卷并让其滑到麻卷架上。当转子 3 沿着凸轮 4 的凸部滑动时,带动杠杆 7 的下端向右移动,而杠杆 7 的上端则向左移动。此时,制动带夹紧制动盘,使滚筒 14 保持在卷绕麻卷的位置上。当麻卷绕满时,分配轴 6 转动一圈,转子 3 已移到凸轮 4 的小半径上,因而带动杠杆 7 的下端向左移动,而杠杆 7 的上端向右移动,使得制动带放松,从而解脱了对滚筒的制动作用。

使用 AKY-1 自动传送装置可以将麻卷从混麻自动生产线和混麻联合机上运到机械化板架上堆放,随后送到联合梳麻机,使麻卷称重、检验、选择配组、堆放养生及将麻卷送到联合梳麻机等操作完全机械化。

五、 短麻梳理

梳麻工序在短麻纺纱工程中十分重要。梳麻工序的工作质量对短麻纺纱质量的影响很大。短麻散纤维原料经过混麻加湿工序,虽已完成初步开松、梳理等工作,但麻卷中的杂质含量仍然较高,麻卷中的纤维尚未完全平直,而且制成麻条质量很不均匀,麻卷单位条重差异很大,一般在 $100 \sim 200 \, \text{g/m}$,而且麻条中的纤维束仍然很粗糙,麻屑、麻尘灰、不可纺麻短绒等需要进一步清除。

因此,由混麻加湿工序下机的麻卷要经过梳麻工序中各工作机构的扯松、梳理、均匀、混合、除杂等工作,使短麻纤维达到纺纱工艺要求,并通过牵伸,使输出的麻条变细,单位长度质量达到 $18 \sim 22 \, \text{g/m}$,大大降低输出麻卷的长片段不匀率。因此,梳麻工序的工艺、设备对成纱质量控制有很大意义。总结如下:

把纤维中所含的大量不可纺的短麻绒、疵点清除;使各种短麻纤维的成分达到均匀一致、充分混合;将粗纤维分劈成较细的工艺纤维;将麻条牵伸拉细,并通过并合降低麻条的不匀率;通过对输入麻条的仔细梳理,使纤维进一步平行伸直。

短麻麻卷梳理工序采用的梳理机被称为高产联合梳麻机,它与联合梳麻机的主要区别:退卷机构替代了自动喂麻机,使散纤维喂入变为麻卷喂入;增加了对纤维的预梳机构;采用了机械式自调匀整装置。这为提高梳麻机的梳理效果和生产量提供了保证。

(一)高产联合梳麻机的工艺过程

该机的工艺过程如图 7-15 所示。麻卷(8 ~ 10 个)1 由退卷罗拉 2 送到喂入运输帘 3。麻片在加压辊 4 和运输帘的作用下,由两对喂给罗拉 5 送入预梳辊 6(又称预梳锡林或胸锡林),在预工作罗拉 7、预清除罗拉 8 及零号清除罗拉 33 的配合下进行预梳理。经过预梳理的纤维,由梳麻辊 9 输送给锡林 10。亚麻纤维经托麻板 13 进入主梳理机,经过七对剥麻罗拉 12 和工作罗拉 11 组成的梳理区,纤维得到梳理,然后由上、下道夫 14、15 凝聚,再由上、下斩刀 16 斩下后,麻网经出条喇叭口 17、引出罗拉对 18、19 输往牵伸头。麻片经并合台及导麻托座 20 在匀整罗拉对 21、23 的作用下进入牵伸区,麻条在喂入罗拉 22、推排式针排 24、牵伸罗拉对 25、26 的匀整牵伸下被抽长拉细,再由导条管 27、引出罗拉对 28、圈条器 29 引导而进入麻条筒 30,成为生麻条。图 7-15 中,31 为底盘,32 为自动换筒装置。

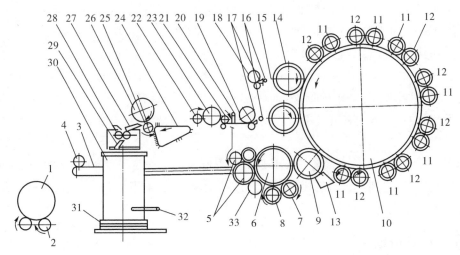

图 7-15　高产联合梳麻机结构示意

(二) 高产联合梳麻机各机构的作用

1. 喂入机构

喂入机构由退卷架、退卷罗拉、喂入运输带、加压辊和麻卷挡板及磁铁金属收集器等组成。将混麻加湿工序制成的麻卷排放在喂入机构的退卷架上。上机的麻卷数量范围：混麻加湿机下机麻卷的麻片较宽，上机不少于 9 个麻卷；黄麻回丝机下机麻卷的麻片略窄，上机麻卷数不少于 10 个。10～12 个固定式挡板将麻卷相互隔开。退卷罗拉强制转动退绕麻卷上的麻片，退卷罗拉在预梳理机构喂入轴杆链轮上的链条带动下同步转动，麻条从退卷架及退卷罗拉上输出，经喂入运输带上的加压辊压紧，输向预梳理机构。运输带上有张力装置拉紧运输带。为了防止金属杂物混入机台造成梳理机件损伤，喂入机构中装有金属收集器。

2. 预梳理机构

预梳理机构由预梳锡林、喂入罗拉对、预工作罗拉、预清除罗拉和中间罗拉组成。预梳理机构各梳理机件的针齿均采用金属锯齿形针布。预梳理机的作用是利用各工作机件表面金属针布的锋利锯齿，将喂入的麻条预先开松，分成小麻束，并使麻卷条变薄，同时将麻条上的死屑、麻皮等去除。预梳理机上，有三个梳理区域。

第一区域为喂入罗拉—预梳锡林区。这个区域由两个上喂入罗拉和一个下喂入罗拉组成。麻条片通过上、下喂入罗拉时，麻条被上、下喂入罗拉表面的针布抓取，分解开松后，转移给预梳锡林。麻纤维在向预梳锡林转移的过程中，仍有少部分纤维停留在下喂入罗拉的针齿上。有些梳麻机在下喂入罗拉下方装有零号清除罗拉，它的回转方向、速度和针齿倾斜的设计应能清除下喂入罗拉上的纤维，并将这些纤维转移至预梳锡林。纤维在从喂入罗拉向预梳锡林转移的过程中抛出一部分杂质。

第二区域为预梳锡林—中间罗拉区。这个区域为预梳理机的主要梳理区。麻卷条在这个区域内被分离成小麻束，并初步受到开松、梳理、混合和清除杂质等作用。喂入的一部分麻束被预梳锡林带走，另一部分转移到预工作罗拉表面，在转移的过程中产生梳理作用。

然后,预清除罗拉以高于预工作罗拉的速度将小麻束转移回预梳锡林。预清除罗拉与预工作罗拉的速比为(1.84～4.5)∶1。纤维束中的大量杂质,在向预清除罗拉高速转移的过程中落下。由预清除罗拉转移至预梳锡林的纤维与喂入预梳的麻卷纤维相遇,从而进行混合。预梳锡林上的纤维被中间罗拉剥取,转移给梳理机构。通过改变工作罗拉与预清除罗拉的速度比,可随时改变其梳理效果。

第三区域为中间罗拉—大锡林区。中间罗拉剥取预梳锡林上的纤维,转移给大锡林,纤维束在转移过程中得到梳理。为了防止长纤维成为落麻,在中间罗拉下面装有托麻板,可使转移中的长落麻被中间罗拉的针齿重新抓取,输送至大锡林。

3. 梳理机构

梳理机构由大锡林、七对工作罗拉、清除罗拉、上下道夫和六块托麻板组成。梳理机构的作用是对短麻纤维进行仔细的扯松、梳理、均匀、混合、除杂等。梳理机构上的梳理机件均采用梳针式滚筒,即滚筒外包覆的针板均采用钢针式梳针。

梳理机构的工作过程:由预梳理机构喂入大锡林的纤维,一部分被 1# 工作罗拉剥取,纤维在转移的过程中受到梳理,1# 工作罗拉的速度较低,与大锡林的速度比为 1∶(11.5～13.4);另一部分纤维被锡林带走。1# 工作罗拉表面的纤维被高速转动的 1# 清除罗拉剥取,转移回大锡林,与大锡林上的纤维混合,并且使大锡林上的纤维层厚度均匀。清除罗拉与工作罗拉的速比为 1∶(1.34～52.24)。在 1# 清除罗拉高速回转的离心力作用下,纤维上的杂质被清除。梳理机上有七对工作罗拉与清除罗拉,它们的工作原理均相同,在大锡林上对纤维反复进行梳理,将纤维梳理得较整齐一致。在梳理机上,工作罗拉在前,清除罗拉在后。如果工作罗拉与清除罗拉的位置装反,清除罗拉仅能从工作罗拉表面转移纤维,而不能起到除杂作用,这是因为没有多余的空间使废麻落至机台下面,而且分梳效果也不好。

另外,为了防止较长的纤维在梳理过程中成为落麻,在前四对(1#～4#)工作罗拉与清除罗拉下面装有六块托麻板,托持落下的长纤维,并使其能被重新抓取而返回大锡林。

大锡林上装有超负荷机器自停装置。大锡林主轴和转动主轴的固定轮之间采用中间保险销链连接,当大锡林超负荷时,销链折断,使转动齿轮空转,大锡林停止转动。

道夫与大锡林的结构大体相同,但道夫针板上梳针的植针密度比大锡林上的大,针齿直径细,道夫与大锡林间的隔距小,因此,梳理后的纤维很容易从锡林向道夫转移。道夫的转速比大锡林低,道夫与大锡林的速比为 1∶(31.6～50.09)。锡林上的纤维向道夫转移,纤维撕扯过程中也能产生梳理作用。

4. 输出机构

输出机构由八对引出罗拉、八个引出喇叭口、上下振动式剥麻斩刀、导麻托座及并合平台组成。输出机构的作用是从道夫上剥取麻纤维网,并制成麻条。梳麻机上装有四节振动式剥麻斩刀。每个道夫上沿其长度方向装有两节斩刀。剥麻斩刀是钢质的齿条,并且安装位置离道夫的针齿很近。剥麻斩刀以 1 700～2 200 次/min 的振动频率从道夫上将麻网剥取下来。剥麻斩刀由机台两端的电动机通过斩刀箱带动,每台电动机带动两节剥麻斩刀(上、下斩刀)迅速做上下摆动,沿着整个道夫,将道夫针齿握持的短麻纤维形成宽薄网后剥下,并通过引出罗拉的喇叭口输出。由于引出罗拉的速度大于道夫的速度,所以被剥麻斩刀剥取的麻网好像被引出罗拉由道夫表面上拉下一样。在上、下道夫表面,均由三根金属片将麻网按等距离宽度分成四个部分,并各有四对上下对称的引出罗拉和喇叭口。

麻网分别从引出罗拉下的喇叭口引出,引出罗拉对上的自重加压罗拉将输出的麻网压成条状。从上道夫剥取的麻条通过引出罗拉后,进入对称的下道夫引出罗拉的喇叭口,在这里与下道夫引出罗拉输出的麻条并合,然后形成一体,从下引出罗拉的喇叭口引出。麻条宽度为 72 mm。引出罗拉与喂麻皮带轴的速比为 1:(9.8~25.6),因此,梳理机的牵伸倍数为 9.8~25.6。由上、下道夫及引出罗拉输出的四根麻条落到并合台上。在这里,麻条弯过导麻托座成 90°,改变了麻条的运动方向,由四根麻条并合成两根,进入梳麻机的车头机构。

5. 牵伸车头机构

牵伸车头机构由匀整机构、牵伸机构、圈条机构等组成。牵伸车头机构的作用是自动均匀输出麻条,对麻条进行牵伸、并合、分劈,并进一步清除麻屑及不可纺杂质。图 7-16 为车头机构工艺过程。

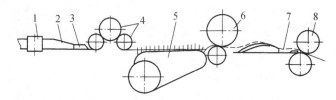

图 7-16 车头机构工艺过程示意

(1) 匀整机构。匀整机构由测量辊、双臂杠杆、测微装置、半导体转换器、过动机构、变速机构、反馈机构等组成。

喂入麻条经过分条板,分成形状特殊的两根麻条,经过测量辊摩擦检测。当检测到喂入麻条平均厚度超过或低于预定的标准厚度时,测量辊上升或下降,并转动双臂杠杆。在双臂杠杆的下部装有测微器触点,与测微器变流装置的开关接触。如果喂入的两根麻条平均厚度大于预定的标准厚度,测量辊上升,双臂杠杆顺时针向外移动,使测微器触点外移,变流器触点断开。同时,变流器触点开关作用于半导体转换器,将电信号变成机械信号。通过过动机构上的电磁铁接合器,过动机构的引出轴做逆时针转动,并通过链条转动变速器机构,螺杆做顺时针转动,反馈机构凸轮做逆时针转动,使牵伸罗拉速度加快,将麻条拉细。反之,当喂入的两根麻条的平均厚度小于预定的标准厚度时,通过上述机构的一系列电气和机械变速传动,牵伸罗拉速度变慢,麻条变厚。自动匀整机构输出的麻条质量不匀率调节范围为 $(40\pm5)\%$。

(2) 牵伸机构。牵伸机构由牵伸罗拉、推排式针排机构、引出罗拉对、毛刷、斩刀等组成。梳理机构输出的麻条中,纤维结构较松散,强度、均匀度都不适合纺纱要求,需经过牵伸机构的进一步加工。从测量辊和后牵伸罗拉喂入的麻条,被高速运转的推排式针排控制,针排对麻条中的纤维进行分劈、梳理并控制纤维运动。在针排的针板下方装有毛刷。毛刷转动,从针板上剥取针排上残留的纤维。针栉式斩刀从毛刷上剥下废纤维,落入尘箱内。

根据工艺设计的麻条质量确定牵伸倍数。经过牵伸的两根麻条并合成一体,通过引出罗拉紧压,顺着圈条器的斜管进入麻条筒。斜管相对于麻条筒的中心有一定偏心距离。圈条器旋转时,麻条顺着斜管,呈圆环形盘放在麻条筒内。

(3) 满筒自停及换筒装置。满筒自停装置的作用是当每筒麻条达到一定长度时,机台在不停机的条件下自动移出满筒,并将空筒置于工作起始位置上。

(三) 梳麻机工艺参数的选择

1. 工艺隔距

工作机件间的隔距是梳麻机最重要的工艺参数之一。调整隔距是生产中控制梳麻品质最常用的手段。梳麻机隔距选择应服从"由浅入深,由弱到强,逐步梳理"的梳理原则。

(1) 工作罗拉与锡林间的隔距。根据对纤维进行逐步梳理的原则,工作罗拉与大锡林之间的隔距,从第一对至第七对,沿着纤维前进的方向逐渐减小。这样不仅可使工作罗拉顺利抓取纤维,而且使梳理作用逐步增强,对纤维进行较合理的梳理。如果隔距过大,工件分裂和扯松纤维的作用不够完善,会使工艺纤维过粗、过长,不能适应纺纱的需要;如果隔距过小,纤维因梳理作用大而受到损伤,结果会增加短纤维和麻屑,而且工艺纤维较短。适当减小工作罗拉和锡林之间的隔距,能提高梳理作用,并增加纤维的分配系数,减少麻粒子形成。工厂常用工作罗拉与锡林间的隔距参考值见表7-7。

表7-7　工厂常用工作罗拉与锡林间的隔距参考值

工作罗拉	$1^{\#} \sim 3^{\#}$	$4^{\#} \sim 5^{\#}$	$6^{\#} \sim 7^{\#}$
工作罗拉与锡林间的隔距(mm)	1.3	1.1	0.9

(2) 工作罗拉与清除罗拉间的隔距。工作罗拉与清除罗拉间的隔距配置应能保证将工作罗拉针面上的纤维层全部剥取下来,而且能够在剥取转移纤维的过程中有效地进行除杂。工作罗拉与清除罗拉间的隔距以较小为宜,并使两针面不碰针,以免针尖碰撞产生火花而引起火灾。此隔距也应根据梳理原则要求,从第一对工作罗拉与清除罗拉入口至第七对的出口,逐渐变小。工厂常用工作罗拉与清除罗拉间的隔距参考值见表7-8。

表7-8　工厂常用工作罗拉与清除罗拉间的隔距参考值

工作罗拉与清除罗拉的对数	1	2	3	4	5	6	7
工作罗拉与清除罗拉隔距(mm)	1.5	1.5	1.5	1.3	1.3	1.1	1.1

(3) 清除罗拉与大锡林间的隔距。清除罗拉与大锡林间的隔距以较小为宜,这样可保证清除罗拉将从工作罗拉上剥取的纤维全部转移回大锡林。此隔距也应随纤维的前进方向,从第一对清除罗拉与大锡林入口至第七对清除罗拉与大锡林出口,逐渐减小。工厂常用清除罗拉与大锡林间的隔距参考值见表7-9。

表7-9　工厂常用清除罗拉与大锡林间的隔距参考值

清除罗拉号数	$1 \sim 3$	$4 \sim 5$	$5 \sim 7$
清除罗拉与大锡林间隔距(mm)	1.5	1.3	0.9

（4）锡林与道夫间的隔距。锡林与道夫间的隔距在保证不损伤梳针的前提下以较小为宜,这样可以提高锡林对道夫的纤维转移率,减少锡林针齿面的负荷,也可增加锡林与道夫的梳理作用,对提高麻网品质和减少麻粒子等有利。一般工厂常用隔距,上道夫与锡林间为 0.8 mm,下道夫与锡林间为 0.7 mm。

（5）道夫与剥麻斩刀间的隔距。道夫与剥麻斩刀间的隔距配置应保证将凝聚在道夫上的纤维全部剥取下来输出机台。

2. 速比

（1）锡林与工作罗拉的速比。大锡林与工作罗拉的速比称为梳理度。由于机台的机械强度限制了大锡林的转速,所以大锡林的转速不能过大。但大锡林的转速也不应过低,如果低于 100 r/min,大锡林上的针板会被纤维堵塞,而且麻条内会形成大量麻粒子,造成大量废条。

大锡林与工作罗拉的速比根据亚麻品质及梳理要求调整。当锡林速度不变时,降低工作罗拉速度,速比增大,工作罗拉上的纤维受到锡林梳针梳理的时间增多,这虽有利于纤维分梳,减少原料并丝、硬条,但纤维易受到损伤,麻粒子增加,且分配系数降低,纤维受到的平均循环次数减少。如果加快工作罗拉转速,则速比减小,梳理的情况与工作罗拉速度减慢时相反。因此,工作罗拉速度主要与亚麻纤维的品质有关。一般对强力高、脱胶差、较粗硬的纤维,可适当减慢工作罗拉的表面速度。相反,对强力低、脱胶适度的纤维,则可适当提高工作罗拉的表面速度。在梳麻机上,各工作罗拉与大锡林的速比不同。从锡林与第一工作罗拉开始,速比逐渐增大。这是因为随着纤维逐渐被梳理松散,逐渐增加锡林与工作罗拉的速比,可以逐渐增加每次梳理的强度,减少纤维的损伤,并使纤维得到分梳。工作罗拉与大锡林的速比见表 7-10。

表 7-10　工作罗拉与大锡林的速比

工作罗拉	1#～3#	4#～5#	6#～7#
锡林与工作罗拉速比	（11.51～134.7）∶1	（16.87～137.62）∶1	（17.03～138.91）∶1

（2）清除罗拉与工作罗拉的速比。清除罗拉与工作罗拉的速比要能使纤维顺利地剥取和转移。随着清除罗拉的速度提高,从工作罗拉转移到清除罗拉上的纤维层拉细效果增大,加上离心力的作用,纤维内不可纺的杂质清除效果也得到提高。所以,当加工含杂较多的亚麻原料时,应加大清除罗拉与工作罗拉的速比;而当加工含杂较少的短麻时,应采用较小的速比。由于除杂仅由下部清除罗拉完成,而上部清除罗拉分离出来的废料会重新落在大锡林的表面并且转移到道夫上,因此,上部工作罗拉与清除罗拉的速比要适当减小,清除罗拉的转速也宜由快至慢。清除罗拉与工作罗拉的速比见表 7-11。

表 7-11　清除罗拉与工作罗拉的速比

工作罗拉	1#～3#	4#～5#	6#～7#
工作罗拉与清除罗拉的速比	1∶（1.34～51.74）	1∶（1.92～52.01）	1∶（1.93～52.243）

（3）清除罗拉与锡林的速比。清除罗拉与锡林的速比要能使从工作罗拉转移过来的纤维顺利地剥取和转移。清除罗拉与大锡林的速比较小,一般为 1∶(2.59～8.57)。

（4）道夫与锡林的速比。在实际生产中,选定道夫转速后不轻易变动,因此,锡林与道夫的速比一般不改变。提高道夫的转速可提高道夫的产量,道夫与锡林的速比一般为 1∶(31.62～50.95)。

3. 锡林负荷

锡林负荷是指罗拉单位面积上所负载的纤维数量,它与梳理作用有很大关系。如果锡林负荷过大,纤维层会过厚,从而降低梳针对纤维的握持能力,使梳理作用降低;如果锡林负荷过小,会影响到产量和机台间的供应平衡。因此,应根据原料性质、产品品质和供应情况适当选择锡林负荷。

锡林负荷的计算公式:

$$A = \frac{V \times P}{V_c \times L} = \frac{V \times P}{\pi \times d \times n \times L}$$

式中: A ——锡林负荷, $\mathrm{g/m^2}$;

　　　V ——麻条出条速度, $\mathrm{m/min}$;

　　　P ——麻条单位长度质量, $\mathrm{g/m}$;

　　　V_c ——锡林表面速度, $\mathrm{m/min}$;

　　　n ——锡林转速, $\mathrm{r/min}$;

　　　d ——锡林直径, mm;

　　　L ——锡林工作面长度, mm。

4. 牵伸与定重

梳麻机输出条重一般控制在 18～22 g/m。输出麻卷条重与机台的牵伸倍数和喂入麻卷条重有关。当牵伸倍数一定时,若喂入的麻卷条重大,则输出的麻卷条重也大。ч-600-л 型梳麻机上装有自调匀整装置,如果喂入麻卷条重控制得均匀,则可有效发挥均整的作用。梳麻机的牵伸倍数由梳理机牵伸和车头牵伸构成,一般总牵伸倍数为 31～62,梳理机牵伸倍数为 15～20,车头牵伸倍数为 2.6～3.1。

5. 车间湿度控制

当纤维的回潮率低于 14%,车间内相对湿度低于 65% 时,车间较干燥(尤其春季风大),纤维摩擦易产生静电,麻条黏于机器的引出罗拉上,麻条松散,增加废麻条。因此,要严格控制车间内湿度。

第三节　针　　梳

由高产梳麻机输出的短麻麻条,必须经过针梳工程。针梳机的作用在于将麻条内的纤维理直,使之平行排列,改善麻条的均匀度。其特点是,在前、后罗拉组成的牵伸区中有缓慢运动的针排,形成了中间的控制区,对长度离散度较大的麻纤维起强制的、可靠的作用,控制短麻纤维在牵伸区内的不规则运动。

在牵伸过程中,当前罗拉握持纤维行进时,纤维不仅受到邻近纤维的摩擦作用,也受到针排的控制及理直作用。在前、后罗拉构成的牵伸区域中,上、下针排的针板连续交叉刺入麻层,而且随着麻层变薄,针板刺入的深度逐渐增加,对纤维的控制作用不断加强,在距前罗拉不远的地方,针板脱离麻层返回至后罗拉附近,以便重新刺入麻层。针板的这种往复循环运动,是依靠上、下螺杆与凸轮机构实现的。

一、针梳的任务

(1) 提高麻条中纤维的平行伸直度,尽可能地消除弯曲纤维,减少后道工序精梳梳断纤维的可能性,减少精梳落麻。

(2) 降低麻条的片段不匀率,即降低麻条的线密度不匀率。

(3) 完成麻条的伸长拉细,达到成纱所要求的细度。

(4) 均匀地混合纤维,提高麻条结构均匀度,这对亚麻与其他纤维的混纺更具有重要意义。

(5) 进一步分劈和梳理纤维,把粗的工艺纤维分劈成较细的工艺纤维,梳去部分杂质和不可纺纤维,这对亚麻纺纱工艺具有特殊的意义。

二、针梳机的种类

根据针排结构的不同,针梳机分为推排式短麻针梳机和螺杆式短麻针梳机。

1. 推排式短麻针梳机

如图 7-17 所示,麻条 1 从麻条筒中引出来后,经导条转子 2,沿着喂麻喇叭口 3 进入喂麻罗拉。喂麻罗拉由上、下两只喂麻罗拉 4 和一只加压罗拉 5 组成。麻条通过喂麻罗拉后,进入针排区 6。针排区由许多针栉杆组成,通过链轮 7 传动,将针栉杆推向前方,同时把麻条带向引导片 8。麻条从牵伸引导片被引入牵伸罗拉 9、10。因下牵伸罗拉 9 采用金属材料,上罗拉表面包覆有弹性材料,它们组成强有力的牵伸钳口,将麻条伸长拉细后送出,导向并合机构 12。几根麻条在此叠合成一根麻条,通过引出罗拉对 13、14,进入麻条筒 15。

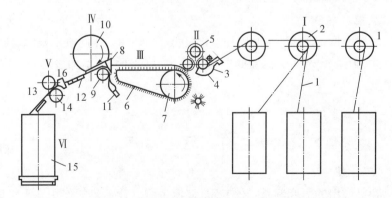

图 7-17　推排式短麻针梳工艺过程示意

在针排区的前下方装有喷嘴 11。高压空气由喷嘴吹出,使麻条顺利地从针排区退下,并引向牵伸罗拉。残留在针排中的纤维,由逆时针方向旋转的毛刷罗拉刷下。

这种针梳机上装有自停机构。当麻条断头或用尽时,当麻条缠绕在罗拉上时,当麻条塞住针栉不能运动时,当麻条筒纺满时,通过自停机构都能使整机自停,保证机台安全。

2. 螺杆式针梳机

如图 7-18 所示,这种针梳机采用头并、二并、末并三种设备,其特点是不采用高架喂入机构,改用喂入台,在前、后罗拉间有上下两层针排,共同组成牵伸机构。当麻条 1 由后罗拉钳口 2 送向针排 3 时,上、下两层针排相互交叉刺入麻条,由针排控制着麻条以接近后罗拉的表面线速度,向前罗拉 4 运动,然后由出麻罗拉 5 输入条筒 6。当麻纤维的头端到达前罗拉钳口线时,纤维即从交叉的针排中牵引出去,其尾端由于周围纤维的摩擦力及受钢针侧面的摩擦作用而被理直平行,同时麻条变细。

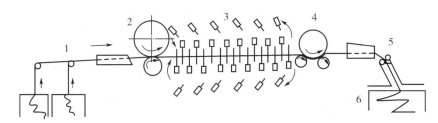

图 7-18　螺杆式短麻针梳工艺过程示意

为使前罗拉具有足够的牵引力,普遍采用杠杆加压装置。现在,国外已采用液压弹簧式加压装置。

螺杆式针梳机的针排机构是全机的独立部件,所以又称为梳箱机构。上针排称为上梳箱,下针排称为下梳箱。上、下梳箱由铰链相连。上梳箱可以自由抬起。上、下梳箱的结构与运动情况完全一样。为了加强对运动纤维的控制,应保证有足够的纵向针密,工作螺杆的导程应较小,约 16 mm,而回程螺杆的导程可稍大(一般为 29 mm)。

为了保证针排运动平稳,螺杆的内侧装有一对平稳的导轨,用以托持针排,且导轨的前、后端装有弹簧导板,便于针板起落时顺利地进入螺杆导槽。

三、针梳机的主要构造及其作用

螺杆式短麻针梳机各型号的基本结构相同,均由喂入部分、梳箱部分和圈条成形部分组成。

1. 喂入部分

喂入部分采用条筒喂入,喂入架为纵列式,八对导条轧辊分别安装在喂入端的两侧。喂入麻条经引导转子、引导辊,有秩序地排列成宽度一定、厚度均匀的麻层。麻层呈平展状进入牵伸区,不易扭结。

2. 梳箱部分

梳箱部分是针梳机实现牵伸梳理作用的主要部分。它由梳箱、针板、喂入罗拉等组成。每只梳箱由针排组成上下两部分,上梳箱可通过气压泵装置开启,以便调试或装卸针排。

针排榫头做成斜形,其倾斜角度与工作螺杆的螺旋角相等。针排两端的榫头插入一对对称配置的工作螺杆的螺旋导槽中。针排两端底面由一对导轨支承,以保证针排在工作过程中直立。

每个梳箱中,左右两侧各对称配置两对工作螺杆与两对回程螺杆、四对导轨与四对挡板。螺杆由齿轮传动,针排在工作螺杆导槽的推动下,沿导轨支承面向前滑移。当针排推进到工作螺杆的前端时,受到三叶凸轮的打击,自工作螺杆的螺旋导槽中向下垂直击落,落入回程螺杆的螺旋导槽,从而使针排脱离麻层。为了防止针板在击落中飞出,在导轨垂直方向配置两对由弹簧拉紧的上下挡板,保证针板沿着具有弹性的轨道,准确地下滑至回程螺杆的螺旋导槽中。由于回程螺杆螺纹的配置方向与工作螺杆相反,所以针板在回程螺杆的螺旋槽与回程导轨的支承下向后滑移,并返回喂入罗拉。装在回程螺杆端头的三叶凸轮将针板向上击入工作螺杆的螺旋槽中。此不断反复运动的结果是,形成针排连续循环运动。由于回程针排不接触麻条,为了使之尽快地返回工作区,回程螺杆的螺距比工作螺杆的螺距大,所以回程针排略呈倾斜。图 7-19 所示为一个运动循环,它包括四个阶段,即工作阶段、工作至回程的过渡阶段、回程阶段和回程至工作的过渡阶段。

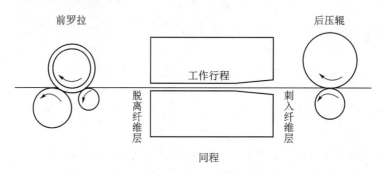

图 7-19　针排运动循环示意

3. 圈条成形部分

圈条成形部分主要由圈条器上部托盘、麻条长度计算器、圈条器下部托盘及麻条筒组成。麻条筒座在下托盘上。

麻条穿过引出罗拉,经过圈条器上部托盘下的出口进入麻条筒。上托盘由齿轮传动,按一定方向回转。下托盘通过圈条器下部托盘轴由齿轮传动做同方向回转,其回转轴线与圈条器的回转轴线不重合。因此,当圈条器与条筒底盘各自围绕自身的回转轴线以一定速度回转时,由上托盘输出的麻条即按一定的规律铺叠在麻条筒中。这时,上托盘的下出条口相对于托盘的运动应是麻条环绕圈条器上部托盘的回转运动、圈条器上部托盘轴线与下部托盘回转线的相对运动(公转)和麻条的输出运动三者的合成。当上部托盘和下部托盘同时回转时,麻条的运动轨迹是"长幅内摆线";当两者回转方向相反时,麻条的运动轨迹是"长幅外摆线"。上托盘每转一周,铺成摆线的一叶,称为一个条圈。条圈直径 $2r$ 与条筒内半径 R 的关系存在两类情况:当条圈直径 $2r$ 小于条筒内半径 R 时,称为小圈条;当条圈直径 $2r$ 超过条筒内半径 R 时,称为大圈条。在实际生产中,这两种情况均存在。

四、针梳工艺过程的影响因素

1. 针梳机梳箱针排区的构造

针排区的构造,即针的直径和隔距及针列的隔距,对麻条牵伸的均匀性有着很大的影响。摩擦力界在这些因素的作用下产生,当针排区内针的栽植过稀时,会制成不均匀的麻条,而当针的栽植过密时,则会增加断头率和短纤维数量,因此影响细纱的质量和纺纱工艺。针的栽植密度必须结合麻条定重和并条道数确定,如表 7-12 所示。

表 7-12　螺杆式短麻针梳机针排区的针排

名称	并条机			
针排上针列数	1	1	1	2
针的装配形式	—	整体的		针座
针座上植针长度(mm)	—			50
圆针的总长度(mm)	35	35		25
圆针的工作长度(mm)	21	21		20
圆针的直径(mm)	1.5,1.3	1.5,1.3,1.1	—	0.9
圆针植针密度(针/cm)	3,4	3,4,5	—	6
圆针的充填度(%)	45,42	45,42,55	—	54
平针宽×厚×高(mm)	1.62×0.93×28.6	1.62×0.93×28.6	1.73×0.87×24	—
平针植针密度(针/cm)	2.5	2.5	1.7,2,2.5	—
平针的充填度(%)	23.2	23.2	26	—

针排构造对工艺过程的影响:

(1)减小针列的隔距,会提高牵伸区内针排对纤维的钳制力。

(2)增大针列的隔距,会减弱牵伸区内针排对纤维的钳制力,提高细纱的强度不匀,并增加细纱的断头率。

(3)植针密度提高将把粗的工艺纤维分劈成较细的工艺纤维,使纱条的均匀度得到改善。这是因为在纱条细度一定的情况下,纤维越细,纱条横截面中的纤维根数越多,其不匀率越低。

2. 针排在牵伸机构中的作用

(1)牵伸罗拉、针排和喂入罗拉形成了并条机的牵伸区。在牵伸区中,针排对纤维的作用形成了摩擦力界,能很好地控制浮游纤维,又不妨碍快速纤维从其控制下抽出。

(2)针排对纱条能起到积极的引导作用,即能将纱条握住并送向前钳口,防止纱条自由伸缩。

(3)针排可减少牵伸区中纱条的扩散,使纱条上各部分纤维之间有较好的接触。也就是说,应用针排作为中间附加力界,对更好地控制纤维运动,提高牵伸效果和改善成纱质量,都极为有利。

3. 前罗拉与加压形式

前罗拉采用两个下罗拉与一个上罗拉,即前罗拉有两条钳口线。一般来说,为了减少亚麻针梳机无控制区对麻条不匀的影响,应选用较小的前下罗拉直径,这样可使前罗拉钳口线与针排间的距离缩小,增加对麻条中纤维的控制。一般前下罗拉的直径采用 36 mm。针梳机的罗拉采用液式加压形式,其优点:

(1) 可获得较大的压力,使罗拉钳口能够准确地握持纤维,并将压力均匀地传播到钳口内的纤维上。

(2) 液体加压结构紧凑,元件轻巧,质量与体积较小。

(3) 操纵灵活。

4. 机器状况

机器状态不良,对麻条品质的影响很大,所以对机器要按时维修和清扫,使机器经常处于良好状态。为此,应注意以下方面:

(1) 机器上各重要部件有无缺损,运转是否正常、灵活。

(2) 针排是否完整、笔直和清洁。根据加工原料的质量不同,针排的清扫频率为两三班一次。

(3) 各道导麻器安装是否正确。

(4) 测长器、加压装置、圈调器、压条器和自停装置是否失灵。

5. 纤维的回潮率和空气湿度

在牵伸过程中,由于纤维与纤维间、纤维与梳针及罗拉间存在摩擦,因而会产生静电。静电会使麻条中的纤维松散,机器不易正常开车。为此,生产中要求并条机上所用亚麻纤维的回潮率在 14%～16%,车间空气相对湿度在 55%～65%。

6. 工艺设计和工人的操作水平

(1) 关于工艺设计,如牵伸倍数、麻条号数、引出麻条速度等参数选择不当,会使麻条的品质变化,无法保证车间的均衡生产。

(2) 在配麻时,应将轻重麻条配置在一组中使用,以保证输出麻条均匀,提高麻条的并合效果。

(3) 挡车工应及时处理多股、缺股、皮辊或罗拉缠麻等现象,并保证每次接头的质量等。工艺计算与长麻并条机相似,只是机型不同,传动不一,但原理相同,这里不再赘述。

第四节 再 割

用于生产亚麻短麻纱的原料(如梳成短麻、低号打成麻、亚麻一粗等)中,一般含有大量的超长纤维和倍长纤维。如果这些超长纤维和倍长纤维直接进入精梳机的梳理区,不仅会增大精梳机的梳理负荷,而且会造成纤维缠绕锡林,不但降低精梳机出条的梳理品质,严重时还会损伤精梳机的梳理机件。因此,再割工序必须将这些超长纤维和倍长纤维强制性拉断,以适应短麻纺纱要求。麻条是由若干根长度为 10~130 mm 的单根纤维通过果胶黏接组成的,在再割机牵伸机构的强大作用力下,纤维束中的果胶与纤维分离,形成按工艺设计的短纤维。

再割工序的任务:

第一,将各类短麻纤维原料中的超长纤维和倍长纤维按工艺设计要求切断,使麻条中的纤维保持一定的整齐度,以利于精梳工序的加工。

第二,经过 4~10 根麻条并合,提高麻条的均匀度和纤维整齐度,改善麻条的长片段不匀。

第三,使喂入的纤维得到充分的混合。

一、再割机的工艺流程

图 7-20 为再割机的工艺流程示意图。麻条筒 1 中的麻条经导条环 2 及断条自停导条罗拉 3,进入导条板 4,再经预牵伸罗拉对 5,依次通过第一加压罗拉对 6、第二加压罗拉对 7 及第三加压罗拉对 8。在加压罗拉的作用下,长纤维被拉断成需要的工艺长度。达到工艺长度要求的麻条经断条自停导条管 9、圈条器 10 进入条筒 11。

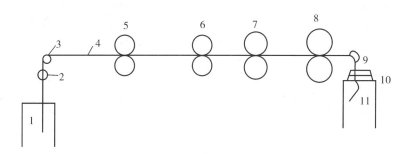

图 7-20　再割机的工艺流程示意

二、再割机的构造及其作用

1. 喂入机构

喂入机构由导条环、断条自停导条罗拉、导条板、预牵伸罗拉等组成,其作用与针梳机相同。

2. 切割机构

再割机的切割机构由三套一上二下式的加压罗拉及第 1、第 2 牵伸切割隔距区组成。如图 7-21 所示。

牵伸切割隔距区的范围根据实验室检测的亚麻纤维原料中的超长、倍长纤维含量及切割后的输入纤维长度确定。具体的方法:在实验室里,先用人工方法对纤维样品进行纤维长度分析试验,将纤维按长度在绒板上由长至短且有规律地分组排列,然后将各组纤维分别称量,并计算出所占的百分比,以此为依据确定牵伸切割隔距。在设计切割纤维过程中,要考虑 1 区与 2 区合理分配,同时要根据输出麻条中的麻粒子数来考虑隔距

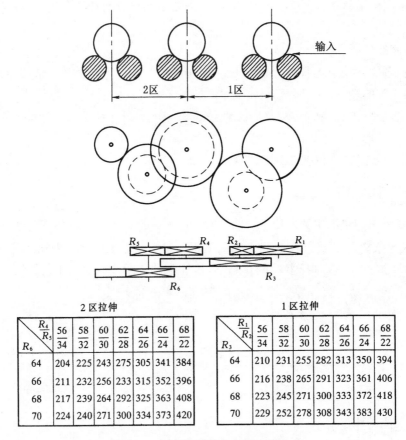

图 7-21　再割机构的切割隔距区示意

$\dfrac{R_4}{R_5}$ R_6	$\dfrac{56}{34}$	$\dfrac{58}{32}$	$\dfrac{60}{30}$	$\dfrac{62}{28}$	$\dfrac{64}{26}$	$\dfrac{66}{24}$	$\dfrac{68}{22}$
64	204	225	243	275	305	341	384
66	211	232	256	233	315	352	396
68	217	239	264	292	325	363	408
70	224	240	271	300	334	373	420

2 区拉伸

$\dfrac{R_1}{R_2}$ R_3	$\dfrac{56}{34}$	$\dfrac{58}{32}$	$\dfrac{60}{30}$	$\dfrac{62}{28}$	$\dfrac{64}{26}$	$\dfrac{66}{24}$	$\dfrac{68}{22}$
64	210	231	255	282	313	350	394
66	216	238	265	291	323	361	406
68	223	245	271	300	333	372	418
70	229	252	278	308	343	383	430

1 区拉伸

是否合理。

切割纤维的加压罗拉的转动是由锯齿形皮带控制的。调整切割隔距时,先拧松控制锯齿形皮带松紧的偏心装置螺母,然后松开皮带,打开机台右侧机箱内的标尺旋转调解钮,调整好根据工艺设定的加压罗拉间的隔距,然后重新安装好锯齿形皮带,并调整好拉伸张力。

如果锯齿形皮带的张力过大,会减少锯齿皮带的寿命,反之,如果过小则易产生锯齿形皮带在传动过程中"打滑"的现象。调整好锯齿形皮带张力后,便可锁紧偏心装置螺母,切割隔距调节完毕。

纤维层从 1 区至 2 区逐渐变薄,渐渐接近集麻器。牵伸切割罗拉上的隔距块距离切忌过大或过小,或一头过大或过小(尤其在第二牵伸切割罗拉钳口处),以免纤维层在牵伸、切割罗拉处分布不均,致使纤维切割、牵伸产生不匀。如图7-22 所示。

3. 出条与圈条机构

纤维经切割、牵伸后,通过断条自停导条罗拉进入圈条器,然后输入条筒。断条自停导条罗拉和圈条器的功能与针梳机相同。

三、再割工艺参数的选择

1. 切割隔距

切割隔距主要根据亚麻纤维原料的纤维长度分析试验结果及出条表面含大片状软麻粒子数量而确。出条表面的大片状软麻粒子含量以少为好。一般工厂常用切割隔距（mm）为 210/170 或 220/200（1 区/2 区）。

2. 牵伸倍数

如果 1 区/2 区的牵伸倍数配置不合理，会造成堵条现象。在工艺配置上，要求 1 区牵伸倍数大于 2 区牵伸倍数。

3. 切割牵伸罗拉加压

切割牵伸罗拉加压采用气动方式，加压设定值确定后要稳定。加压一般设置为 40 Pa。

4. 出条速度

出条速度应控制在 100～150 m/min。

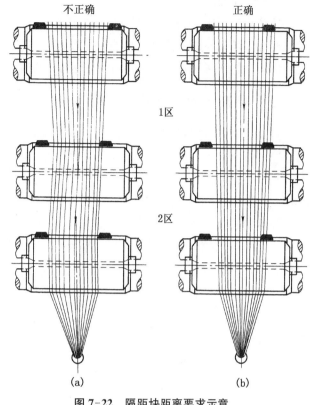

图 7-22　隔距块距离要求示意

第五节　精　梳

精梳工程在短麻纺纱工程中采用得比较普遍，以其能利用低等原料纺出更细、表面更干净的细纱而占有特殊的地位。在亚麻短麻麻条中，含有一定数量的长度在 50 mm 以下的短纤维、麻屑、麻粒子等不可纺物质，这些物质会影响纺纱工程的顺利进行和成纱质量。为了提高短麻纤维原料的纺纱性能，需采用短麻精梳工程，采用的精梳机称为亚麻短麻精梳机。

一、精梳工程的基本任务

（1）除去麻条中不适应纺纱要求的短纤维，提高产品的长度、整齐度，并稍许增加纤维含量百分数。短纤维的存在会大大影响纺纱性能，使牵伸困难，条干不匀，强力降低，断头增加。

（2）较完善地除去纤维疵点和细小麻屑、杂质等物，以减少细纱和成纱疵点。

（3）使纤维进一步顺直平行，提高麻条均匀度。

（4）使纤维得到进一步的混合。

在精梳过程中，精梳落麻的数量多，可以提高麻条中纤维的平均长度，改善纺纱性能，但同时会降低麻条的制成率。减少精梳落麻的数量，可以提高麻条的制成率，降低成本，但会对麻条质量产生不良影响。因此，要控制好精梳落麻率，以提高麻条质量。

二、 精梳机的类型和特点

目前，国内外都使用直型精梳机，其工作特点为，梳理作用是间歇式、周期性进行的，去除麻粒和草杂的效果好，精梳落麻低，但产量也较低。

在直型精梳机中，由于拔取部分和喂入部分的摆动形式不同，可区分为前摆动（拔取部分摆动）、后摆动（喂入部分摆动）和前后摆动（拔取、喂入部分相对摆动）三种。

1. 前摆动式直型精梳机

这种直型精梳机也称固定钳板式精梳机，其主要特点：喂入钳口固定不动，拔取车做前后摆动，从而完成对纤维的分段定向梳理工作。在这类机器上，麻网易飘动，而且传动机构复杂，不宜高速。国产短麻精梳机是由毛纺 B311 型精梳机改装的，分为 A 型和 B 型，A 型采用扇形摆动齿传动，B 型采用链条轮传动。法国 NSC 公司生产的 PB-128 型、PB-129L 型、PB-131 型、PB-133 型等均属此类型。

前摆动式直型精梳机的工作过程如图 7-23 所示。麻条筒 1 中的麻条 2 经导条罗拉 3 按顺序经过导条棒 4，转过 90°经导条板移至托麻板 5 上。麻条经托麻板，在预牵伸罗拉 21 的作用下，均匀地排列，形成麻片。麻片喂给喂麻罗拉对 6、7，后者做间歇性转动，使麻片沿着第二托麻板 5 周期性地前进。当麻片进入给进盒 9 时，受到给进梳上的梳针控制。给进盒与给进梳握持麻片，向张开的上、下钳板 10 移动一个距离，每次喂入一定长度的麻片。麻片进入钳板后，上、下钳板闭合，把悬垂在圆梳 11 上的麻须丛牢牢地握持住，并由装在上钳板的小毛刷将须丛纤维的头端压向圆梳的针隙内，接受圆梳梳针的梳理，并分离出短纤维及杂质。

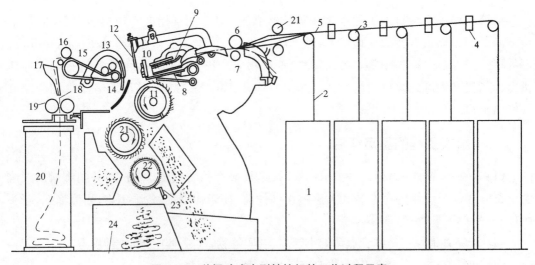

图 7-23　前摆动式直型精梳机的工作过程示意

此时,钳板处于最低位置,与圆梳梳针间的距离约 1 mm。圆梳上的排针板,从第一排到最后一排,针的细度和密度逐渐增加,且做不等速回转。这样可以保证圆梳对须丛纤维的头端产生良好的梳理效果,并保护纤维少受损伤。

须丛纤维经圆梳梳理得以顺直,除去短纤维及杂质,由圆毛刷 21 从圆梳针板上刷下来。圆毛刷装在圆梳的下方,其表面速度比圆梳快 3.1 倍,以保证清洁效果。被刷下的短纤维由道夫 22 聚集,经斩刀 23 剥下,储放在短麻箱中,而草杂等经尘道被抛入尘杂箱 24。

当圆梳梳理纤维丛头端时,拔取车向钳口方向摆动。此时,拔取罗拉 14 做反向转动,把前一次梳理的须丛纤维尾端退出一个长度,以备和新梳理的纤维头端搭接。为防止退出纤维被圆梳梳针拉走,下打断刀 13 起挡护须丛的作用。

当圆梳梳理须丛纤维头端完毕,上、下钳板张开并上抬,拔取车向后摆至近处。此时,拔取罗拉正转,由铲板 8 托持须丛头端送给剥麻罗拉剥取,并与剥麻罗拉退出的须丛叠合而搭好头。此时,顶梳 12 下降,其梳针插入被剥取罗拉剥取的须丛中,使须丛纤维的尾端接受顶梳的梳理。拔取罗拉在正转剥取的同时,随拔取车摆离钳板,以加快长纤维的剥取。此时,上打断刀下降,下打断刀上升成交叉状,压断须丛,帮助进一步分离长纤维。

须丛纤维被剥取后,成网状铺放在拔取皮板 15 上,由拔取导辊 18 紧压,再通过卷取光罗拉 16、集麻斗 17 和出麻罗拉 19 聚集成麻条,进入麻条筒 20。由于麻网在每个工作周期内随拔取车前后摆动,拔取罗拉正转前进的长度大于反转退出的长度,因而麻条周期性地进入麻条筒。

2. 后摆动式直型精梳机

这种精梳机也称摆动钳板式精梳机,其主要特点是拔取车固定不动,而钳板和喂入机构一起做前后摆动,以完成对纤维的分段梳理工作。这种机器的震动大,需要强有力的弹簧进行控制,也不宜高速。我国生产的 SAG 型精梳机即属此类。

3. 前后摆动式直型精梳机

这种精梳机的运动比较合理,动程短,震动小,适于高速,但它的机构较复杂,不易保养和维修。意大利产 PSD 型直型精梳机属此类。

三、 直型精梳机的四个工作时期

直型精梳机的机构比较复杂,而且是周期性工作的,其许多机件的运动相互联系,又相互约束。因此,搞清楚直型精梳机在一个完整的工作周期内,各主要工艺部件的运动及其相互配合关系,有助于更好地认识精梳机的基本作用。精梳机的全部工作过程(即一个完整的工作周期)可以划分为四个工作时期。

1. 圆梳梳理时期

从圆针第一排钢针刺入须丛到最后一排钢针越过下钳板,此阶段称为圆梳梳理时期。在这一时期内,各主要工艺部件的动作和作用配合如下:

圆梳上的所有针弧从钳口下方转过,梳针插入须丛,梳理须丛纤维头端,并清除未被钳口钳住的短纤维。上、下钳板闭合,静止不动,牢固地握持住纤维须丛。给进盒和给进梳退回到最后位置,处于静止状态,准备喂入。拔取车向钳口方向摆动,然后处于静止状态。顶梳在最高位置,并处于静止状态。铲板缩回到最后位置,并处于静止状态。喂麻罗拉处于静止状态。拔取罗拉反转,退出一定长度的精梳麻网。上、下打断刀关闭,然后静止,此时大部分机构处于静止状态。此时期各机构的状态如图7-24所示,箭头表示处于运动状态,无箭头表示处于静止状态。

2. 拔取前准备时期

从梳理结束到剥取罗拉开始正转,此阶段称为拔取前准备时期。在这一时期内,各主要工艺部件的动作和作用配合如下:

圆梳继续转动,无梳理作用。上、下钳板逐渐张开,做好拔取前的准备工作。进给盒、进给梳仍在最后位置,处于静止状态。拔取车继续向钳口方向摆动,准备拔取。顶梳由上向下移动,准备剥取。铲板慢慢向钳口方向伸出,准备剥取。喂麻罗拉处于静止状态。拔取罗拉静止不动。上、下打断刀张开,准备剥取。此时期各机构的状态如图7-25所示。

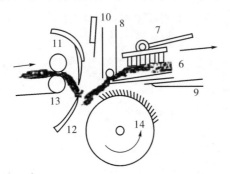

图7-24　圆梳梳理时期示意

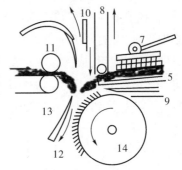

图7-25　拔取前准备时期示意

3. 拔取、叠合与顶梳梳理时期

从剥取罗拉开始正转到正转结束,此阶段称为剥取、叠合与预梳梳理时期。在这一时期,各主要工艺部件的运动和作用配合如下:

圆梳继续转动,无梳理时期。上、下钳板张开到最大限度,然后静止。给进盒、给进梳向前移动,再次喂入一定长度的麻片,然后静止。拔取车向钳口方向摆动,使剥取罗拉到达拔取隔距的位置,开始夹持住钳口外的须丛,准备拔取。顶梳下降,刺透须丛并向前移动,做好拔取过程中梳理须丛纤维尾端的工作。铲板向前方伸出,托持和搭接须丛。喂麻罗拉转过一个齿,喂入一定长度的麻片。拔取罗拉正转,拔取纤维。上、下打断刀由张开、静止到逐渐闭合。此时期各机构的动作状态如图7-26所示。

4. 梳理前的准备时期

从拔取结束到再一次开始圆梳梳理前,此阶段称为前准备时期。在这一时期内,各主要工艺部件的动作和作用配合如下:

圆梳上的所有针弧面转向钳板的正下方,准备开始再一次梳理工作。上、下钳口逐渐闭合,握持须丛,准备梳理。给进梳在最前方,处于静止状态。拔取车离开钳口向外摆动,拔取结束。顶梳上升。铲板向后缩回。喂麻罗拉处于静止状态。拔取罗拉先静止,然后开始反转。上、下打断刀闭合静止。此时期各机构的动作状态如图 7-27 所示。

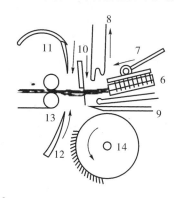 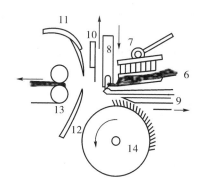

图 7-26　拔取、叠合与顶梳梳理时期示意　　　图 7-27　梳理前准备时期示意

四、直型精梳机的主要构造及其作用

1. 喂入机构

喂入机构包括条筒喂入架、导条板、喂麻罗拉、喂麻托板、给进盒和给进梳等。

（1）喂麻罗拉与导条辊的传动。如图 7-28 所示，1 为下喂麻罗拉，由弹簧杠杆 2 加压，其压力大小由螺母 3 调节。喂麻棘轮固定在下喂麻罗拉上，相邻活套一块三角形铁板，上面有制齿 5 借弹簧片的压力与喂麻棘轮 4 相啮合，下端以连杆 6 由螺钉 7 和支架 8 相连，并通过连杆 11 带动制齿 12 和导条辊传动棘轮 13 相啮合。支架 8 和杠杆 9 以喂给轴 O_1 为支点，与凸轮轴上的 $2^\#$ 凸轮保持紧密接触。当凸轮由小半径转向大半径时，杠杆 9 抬高，使制齿 5 推动棘轮 4 而实现喂麻。每喂麻一次，制齿推动棘轮转动一个齿。每次喂麻长度可根据原料品质的不同更换棘轮的齿数进行调节。

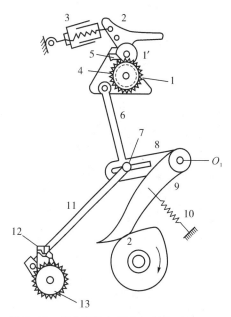

图 7-28　喂麻罗拉与导条辊的传动示意

（2）给进盒与给进梳的进退运动。如图 7-29 所示，给进盒 1 和给进梳 2 活套在小轴 O_3 上，小轴 O_3 固定在以喂给轴 O_1 为点摆动的杠杆 4 的上端，杠杆 4 的下端与活套在 O_1 轴上的叉形杆 5 以螺钉 6 固定，其位置可由螺钉 7 调节。叉形杆 5 以螺钉 8 和活套在摇臂轴 O_2 上的弯杆 9 的上端相连接，其位置可由螺钉 8 调节。弯杆 9 的尾端有小滑轮 10，接受 $7^\#$ 凸轮的传动。为保证运动平稳，摇臂轴 O_2 上活套杠杆 11，以其小滑轮 12 与 $6^\#$ 凸轮相接触。弯杆 9 和杠杆 11 以弹簧 13 相连接，使两个滑轮 10 和 12 分别与 $6^\#$ 和 $7^\#$ 两凸轮经常保持紧密接触。弹簧 14 使给进梳与给进盒紧密吻合。

当 $7^\#$ 凸轮从大半径转向小半径时，弯杆 9 使叉形杆 5 向上摆，使给进盒与给进梳向前运动。当7#凸轮从小半径转向大半径时,给进盒和给进梳则后退(等半径时为等待时间)。

(3)给进梳的升降运动。如图7-30所示,当给进盒与给进梳握持麻片向上运动完成喂麻动作后,它必须重新返回,做下一次喂麻准备。为了保证正常喂麻,在给进盒后退时,要先使给进梳脱离对麻片的控制,故给进梳在后退时,还必须相应地做升降运动。

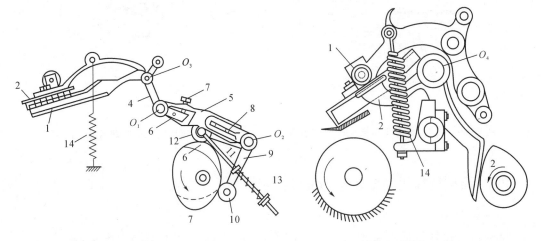

图7-29 给进盒与给进梳的进退运动示意　　图7-30 给进梳的升降运动示意

给进梳托座的前端装有一个滑轮1,其高低位置可调节。滑轮1由杠杆2上端的平面所支持。杠杆2以O_4为支点,其下端与2#凸轮紧密接触。当2#凸轮从小半径转向大半径时,给进梳被抬高,并随给进盒后退。当2#凸轮从大半径转向小半径时,给进梳重新插入给进盒中进行喂麻(等半径时相对静止)。给进梳的杠杆上装有弹簧14,使滑轮1和杠杆2接触,保证给进梳的运动准确和平稳。

(4)喂入机构的运动调节。

① 喂入长度的调整。每次喂入长度与喂麻辊的变换牙齿数成反比。精梳机喂麻辊变换牙齿数与每钳次理论喂入长度的关系如表7-13所示。

表7-13 精梳机喂麻辊变换牙齿数与每钳次理论喂入长度的关系

喂麻辊变换牙齿数	29	27	25	23	22	21	20	19	18	17
每钳次理论喂入长度(mm)	10.2	11.0	11.8	12.8	13.4	14.1	14.8	15.6	16.4	17.4

根据不同原料及梳前麻条的品质状况确定喂入长度后,可以从表7-13中选取对应的棘轮齿数。棘轮齿数发生变化,必然引起它转过一齿时的弧长也发生变化,因此,应调节制齿的动程与之相适应。为此,应改变螺钉在支架上的位置以调节制动齿动程,从而保证推齿良好。

② 给进盒前进动程的调整。给进盒前进的动程必须和喂入长度相配合,并由螺钉在叉形杆尾端叉槽中的位置确定(上有标尺注明距离)。为使喂入的麻片平直,给进盒的动程可略大于喂入长度。

③ 给进盒、给进梳与钳板间距离的调整。给进盒、给进梳与钳板之间的距离是靠螺钉

调整的。在拔取过程中,给进盒与给进梳位置靠前,可增加被剥取纤维后端的长度,从而加强对纤维的控制作用。在喂入结束时,给进盒处于最前位置。给进梳起落时和上钳板的隔距为 2～3 mm,而与给进盒端面最小的距离为 1.0～1.2 mm。

④ 喂麻时间的调整。7[#] 凸轮由固定和活动两个部分组成,并以螺栓固定。活动部分为调节过渡曲线。喂麻时间的改变,直接影响喂给和拔取动作的配合。在精梳机上,正确的配合关系应是,拔取车离开拔取点开始向前摆动时,喂给动作立即停止。喂麻动作滞后(即喂麻还没有结束,而拔取车已经离开钳板外摆),将使部分应被剥取的纤维由于拔取罗拉已经离开而未被剥取,在下一周期的圆梳梳理中成为落麻。因此,它直接关系到短麻率及麻条中短纤维的含量。在短纤维含量指标完成的情况下,若无特殊需要,不可将 7[#] 凸轮的活动部分向大调节。

⑤ 给进梳位置的调整。给进梳脱离给进盒时,其针尖应脱离对麻片的控制。如给进梳的位置过低,会扰乱麻条结构;但其位置过高,会减小给进梳插入麻片的深度,从而减少对麻片的控制作用。它的高低可由小滑轮和杠杆的接触位置调节。

2. 钳板机构

钳板机构包括上、下钳板和铲板。

(1) 钳板的运动。

① 下钳板的运动。如图 7-31 所示,下钳板 1 固定在下钳板架 1′ 上,并以 O_4 为支点,其尾端的小轴 2 支撑螺杆 3 和十字套 4 以螺母 5 固定,以连接点 8 活套在杠杆 9 上。杠杆 9 固定在摇臂轴 O_2 上,其头端有小滑轴 10 和 5[#] 凸轮相接触。小轴 2 的两侧套有两根弹簧拉杆 6,和穿在螺杆 3 上的压板 7 相联系,用以上、下钳板闭合时给予压力控制。4[#] 凸轮与活套在摇臂轴 O_2 上的杠杆 11 上的小滑轮 12 相接触,拉簧 13 使两个滑轮紧密接触,使钳板运动平稳准确。

② 上钳板的运动。如图 7-32 所示,上钳板 1 固定在钳板架 1′ 上,且钳板架为左右两个,固定在钳板轴 O_4 上,并以其为回转支点。钳板架尾端以小轴 2 与十字套螺杆 3 相连,活套在杠杆 4 的顶端小轴上。杠杆 4 固定在摇臂轴 O_2 带动杠杆 4 摆动,从而带动上钳板上下摆动。

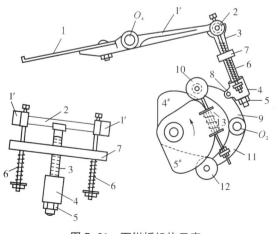

图 7-31 下钳板机构示意

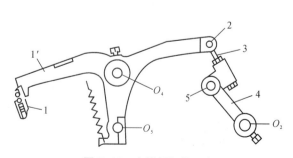

图 7-32 上钳板机构示意

上钳板随下钳板动作，但升降动程大于下钳板，故上钳板上升时，钳口就开启，下降时钳口就闭合。

（2）钳板运动的调节。钳板是握持须丛配合圆梳梳理纤维的重要机件，其运动调节要求如下：

① 圆梳梳理时，上、下钳板应正确啮合，产生足够的握持力，以牢固地握持住须丛。上、下钳板正确啮合的关系如图7-33所示，要求左右一致，握持力要适当。如力量不定，造成梳理时拉麻力量过大，会损伤纤维，也易损坏钳板架。握持力的大小可由下钳板机构中的螺母5和弹簧拉杆6调节，如图7-31所示。

② 圆梳梳理时，上钳板的最低位置与圆梳针尖隔距为2 mm，这可通过调节上钳板中的十字套螺杆3的相对尺度来解决，如图7-31所示。

③ 拔取时，下钳板的最高位置应有利于须丛头部伸直和进入拔取罗拉，这可通过调节下钳板机构中的螺母5来解决，如图7-31所示。

④ 钳板运动调节的方法和步骤：

a. 先调好上钳板的最低位置。

b. 再调好下钳板的最高位置。

c. 使上、下钳板啮合，然后在钳口的左、中、右三处分别夹入0.3 mm厚的牛皮纸三条，测试其拉力是否均匀一致。当钳口完全闭合时，以牛皮纸能拉出而不断为准。为此，可调节下钳板机构中的两根弹簧拉杆6，如图7-31所示。若调节后仍达不到要求，可适量调整螺母5，如图7-31所示。

（3）铲板的运动和调节。如图7-34所示，铲板安装在上钳板架下部的连杆系统上，它随给进盒、上钳板的运动而运动。弹簧式铲板紧贴下钳板，使最前位置与顶梳梳针距离为1～2 mm。这一距离可由十字套筒连接螺栓调节。铲板伸出顶端的高度应使拔取罗拉握持点、铲板顶端和下钳板口在一条直线上。

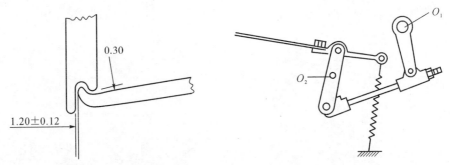

图7-33　上、下钳板的啮合关系示意（单位：mm）　　图7-34　铲板运动示意

铲板不需要经常调节，只有当喂入长度改变较大时才进行调节。

3. 梳理机构

梳理机构包括圆梳和顶梳，有的机构包括进给梳。

（1）圆梳的运动和调节。圆梳是梳理纤维头端的主要机件，它的上面装有两组针板，前一组为9排针板，后一组为10排针板，针板的针号和密度依次加大，第一组针板的组合固定不变,第二组针板随加工原料的不同可以调换。圆梳梳理速度是变化的,梳理区的速度高于非梳理区的速度,而且梳理区的速度由加速到减速。

圆梳的梳理位置极为重要,梳理时间过早过迟,都会造成拉麻现象。因此,除保证梳理时针尖和上钳的钳唇隔距为 1.4~1.8 mm 以外,还必须在钳口完全闭合并开始梳理时,圆梳第一排针尖应处于上钳板钳唇的下方(一般为转过 1 mm)插入须头进行梳理。这个位置可由圆梳轴和偏心圆齿轮的连续螺钉调节。

(2) 顶端的运动和调节。如图 7-35 所示,顶梳 1 以螺钉 2 和 3 固定在顶梳架 4 上,并以其尾端长槽中的螺钉 5 固定在给进梳针板架连杆上。长槽用以调节顶梳和剥取罗拉的距离,其值随加工原料的品质而定,一般为 0.5~1.0 mm。

顶梳随喂入机构做前后运动,同时在梳理过程中做上下运动。这种运动是由 $1^{\#}$ 和 $8^{\#}$ 凸轮通过活套在钳板轴 O_4 上的杠杆 6 完成的。当顶梳下降,刺透须丛,其刺透须丛的深度关系很大,刺透不足会造成漏梳,使梳麻网反面麻粒增多;刺透过深会使纤维受到损伤,也易造成顶梳梳针损坏。一般要求刺透须丛并透针 2~3 mm。在保证梳理效果的前提下,刺透深度越浅越好。

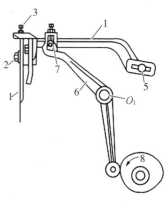

图 7-35 顶梳的运动与调节示意

顶梳刺透须丛的深浅,可由顶梳架上的三角块 7 和杠杆 6 的位置及顶针板固定螺钉 2 和 3 调节。调节时,要求三角块 7 和杠杆 6 之间保持 1 mm 的间隙。

4. 拔取分离机构

拔取分离机构包括剥取罗拉、拔取皮板、上下打断刀等。

(1) 拔取车。如图 7-36 所示。$1'$ 和 1 为上、下拔取罗拉。2 为拔取导辊,装在大摇架 3 上。大摇架与小摇架相连接,4 和 5 为支点,由 $9^{\#}$ 和 $3^{\#}$ 凸轮传动而做前后摆动。小摇架由皮板托脚 6 和张力盒 7 两部分以滑槽相连,皮板轴 8、卷曲罗拉 9、集麻斗 10 都装于此处。皮板 11 的张力由弹簧螺杆 12 调节。经梳理拔取的纤维在皮板上形成麻网,由集麻斗成条,经出条罗拉 13 紧压后,周期性地送入麻条筒。14 为摇臂架,15、17 为杠杆,16 为螺杆,18 为螺母。

(2) 拔取罗拉加压。如图 7-37 所示。大摇架上装有拔取罗拉加压杆 1,以连接在大摇架上的小轴 2 为支点,其顶端螺钉 3 压在拔取罗拉轴承套上,它的压力来源于尾端的压簧 4。拔取罗拉的压力是变化的。当拔取车向后(即靠近钳板)摆动时,拔取罗拉压力逐渐加至最大;当拔取车拔取并向前(即离开钳板)摆动时,压力则由大变小。压力变化的目的在于拔取车开始时压力较大有利于拔取,其余时间逐渐减小压力,可以减轻皮板的损耗。

(3) 拔麻罗拉的传动。

① 拔取车的传动。图 7-36 中,拔取车的大摇架通过牵手杆、滑轮等由 $3^{\#}$ 和 $9^{\#}$ 凸轮传动,$9^{\#}$ 凸轮主管前摆,$3^{\#}$ 凸轮主管后摆。$9^{\#}$ 凸轮的滑轮托脚 14 固定在摇臂轴 O_6 上;$3^{\#}$ 凸轮的滑轮托脚 15 活套在摇臂轴 O_7 上,通过弹簧杆 16,和固定在 O_7 上的托脚 17 相连。两个滑轮和其对应凸轮的位置相对。$9^{\#}$ 凸轮从小半径转向大半径时,拔取车前摆(这时进行

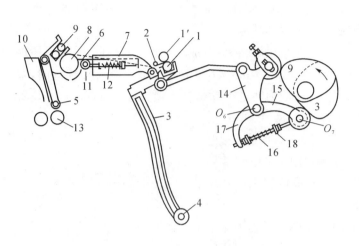

图 7-36　拔取车作用示意　　　　　　图 7-37　拔取罗拉加压示意

拔取),此时 3# 凸轮正从大半径转向小半径。弹簧 16 的作用在于使凸轮连杆机构紧密接触,动作协调,从而使拔取车摆动平稳。弹簧的压力要适当,压力过大会造成摆动中有冲击,压力过小则摆动不稳。压力可由弹簧杆螺母 18 进行调节。

②拔取罗拉的传动。如图 7-38、图 7-39 所示,拔取罗拉在整个梳理过程中,做正反两种回转运动,而且正转多于反转。这是通过一个单向传动机构来实现的。在拔取罗拉 1 上以键固装 17^Z 的齿轮 2 和棘轮 8,同时还活套有连成一体的 17^Z 齿轮 4 和平板 5。平板上装有制齿 6,由弹簧片 7 给予压力而与棘轮 3 啮合,齿轮 2 和 4 分别和长(铁)、短(铜)扇形齿 8 和 9 啮合。长扇形齿 8 管拔取罗拉正转,短扇形齿 9 管拔取罗拉反转。扇形齿由拐臂轴 O_7 经摆臂传动而作往复摆动。当拔取时,扇形齿架按图中箭头 I 的方向摆动,此时扇形齿 8 传动齿轮 4 和平板 5 做逆时针方向转动,平板上的制齿 6 推动棘轮 3,使拔取罗拉也作同方向转动而进行拔取。当扇形齿架按箭头 II 的方向摆动时,开始时扇形齿 9 和 8 一起传动齿轮 2 和 4,齿轮 2 使拔取罗拉做顺时针方向回转,退出一段麻网便于搭头;当齿轮 2 脱开扇形齿 9 时,拔取罗拉随即停止反转,此时齿轮 4 和平板 5 继续做顺时针方向的回转,制齿则在棘轮上滑动。扇形齿和齿轮 2 的啮合时间关系着拔取罗拉反转时退出麻网的长度,因此对搭头的长度有影响。当需要改变搭头的长度时,可通过螺钉 10 调节它与扇形齿 8 的相对位置。

(4)拔取机构的调节。

①拔取隔距及其调节。如图 7-40 所示。R 表示拔取隔距,它是指拔取车处于最后位置时,拔取罗拉的拔取点与下钳板前唇前沿的距离。拔取隔距随加工原料的不同而变化,其大小是通过调节 9# 凸轮的固定螺钉在托脚中的位置,以及左侧摇架牵手与 3# 凸轮的滑轮托脚连接螺钉的位置来实现的(图 7-36)。在调节时,必须在拔取车离前板最近时进行(此时 9# 凸轮和凸轮最小半径接触)。用隔距板的弧形部分与拔取上罗拉吻合,另一侧紧贴下钳板的钳唇来测定拔取隔距。先从 9# 凸轮处校测,再校测 3# 凸轮处,校测时保持左右一致。拔取隔距板有 18 mm、20 mm、22 mm、24 mm、26 mm、28 mm、30 mm 等规格。

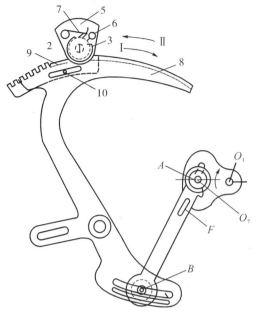

图 7-38　拔取罗拉的传动示意

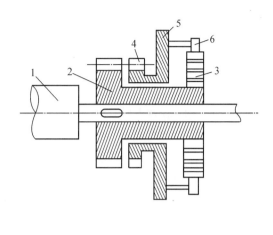

图 7-39　拔取罗拉传动装置示意

②拔取长度的调节。拔取长度是指拔取罗拉在拔取时,逐次拔取纤维头端而形成的麻网长度,其数值等于下拔取罗拉正转数和其周长的乘积。拔取长度取决于扇形齿架的摆动幅度,由拐臂在扇形齿架的尾端弧形槽中的连接螺钉 B 的位置调节。连接螺钉 B（图7-38）直接关系到精梳机的牵伸效果,从而关系到麻网的均匀度。当加工一般长度的原料时,可使 B 点处于中间位置;加工长纤维时,要采用较大的摆幅,使须丛的尾端很好地受到拔取罗拉的控制,防止反转时出现飘头,影响搭接质量,致使强力下降,均匀度受到破坏。

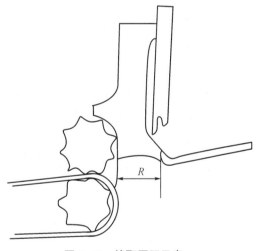

图 7-40　拔取隔距示意

③拔取作用起始时间的调整。拔取作用起始时间是指拔取开始时,拔取与顶梳刺透须丛、喂麻开始及拔取车摆动位置的正确配合的时间关系。拔取作用起始时间应遵循以下两项原则:

第一,顶梳刺透须丛前,喂给、拔取不可开始。这样可保证不发生顶梳漏梳,保证搭头正确,并防止产生前弯钩。

第二,当拔取车摆动到最后位置,顶梳刺透须丛瞬间,拔取、喂给立即开始。

喂给、顶梳插入和拔取车摆动,均受凸轮轴上 1#、8#、7#、6#、9#、3# 等凸轮的控制,以保证各动作正确配合。拔取作用开始时间由拐臂上端的螺钉 A 在拐臂轴弧形摇臂(也叫面

形盘)弧形槽中的固定位置,以及拐臂轴和凸轮轴的相互位置进行调节。具体调节可按下列方法进行:

（a）按工艺要求固定 B 点位置(一般处在扇形齿架弧形槽中间偏前位置),对于细短麻原料来说,宜向偏后位置调节,以减少牵伸。

（b）将 A 点位置固定在面形盘弧形槽中央。

（c）调节 72^Z 齿轮的啮合位置,保证 $9^{\#}$ 凸轮小滑轮位于 $9^{\#}$ 凸轮大半径向小半径过渡接近终点时(约提前 $10°$,拔取罗拉与钳板距离比双拔取距离大 $1\ mm$),使拐臂和面形盘处于"上死点"位置(拐臂上的长孔 F 正对拐臂轴中心)。这个位置通常在设备制造厂出厂时,已在 72^Z 齿轮上打有标记。

（5）上、下打断刀的位置和调节。拔取罗拉对长纤维的拔取,由于罗拉的转动和拔取车摆动的过程有限而受到限制。为了保证所有被拔取的长纤维的尾端都能从须丛中分离出来,采用上、下打断刀的机构。在拔取罗拉反转退出麻网准备搭头时,上、下打断刀挡护着纤维,防止被圆梳梳针拉麻。在搭头拔取时,下打断刀贴近皮板,使搭头平直。

如图 7-41 所示,上打断刀 1 固定在大摇架的小轴 2 上,弧形板 3 也固定在轴 2 上,并通过固定螺钉 4 与导板 5 相连接。滑条 6 也可在导板中滑动,而滑条 6 以托脚 7 的 O 点为支点。托脚固定在支架上,其位置可由螺钉 8 调节。

当大摇架前后往复摆动时,滑条 6 以支点 O 摆动,通过导板、弧形板,使小轴 2 摆动,从而使上打断刀做上下摆动。托脚 7 在机架上装得越低,上打断刀在帮助分离长纤维时下降得越低(动程增大)。上打断刀的工作起始位置可由螺钉 4 调节,但应注意,上打断刀上摆时不得与顶梳架相碰。

如图 7-42 所示,下打断刀 9 装在托脚 10 上,以固定在机架上的支架前端 11 为支点,并以弹簧 12 和大摇架相连。托脚 10 和指状摇板 13 相接触,后者装在机架上,其下端有滑轴 14,套在大摇架的槽板 15 上。拔取时,大摇架向前摆动,槽板 15 推动滑轴 14 而使指状摇板

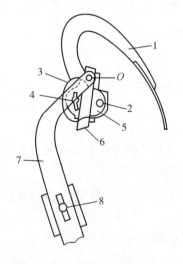

图 7-41　上打断刀运动示意

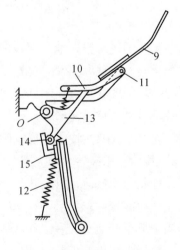

图 7-42　下打断刀运动示意

下降,弹簧 12 使下打断刀贴近拔取皮板。当拔取车后摆时,槽板推动滑轴 14 而使指状摇板抬高,使下打断刀离开皮板,以利于须丛的搭接和拔取。下打断刀的摆动位置可由支点 O 与槽板的位置调节。在拔取后期,下打断刀端面线应高于顶梳针尖 3 mm,使上打断刀在帮助分离长纤维时,纤维尾端仍受顶梳梳针的梳理。在梳理后期拔取开始时,不能使下打断刀背面和圆梳梳针相碰,且不妨碍拔取。在上、下打断刀端面平齐时,间隔距离为 6～10 mm,交叉 5～6 mm,可根据长纤维分离情况进行调整。

5. 清洁机构

清洁机构包括圆毛刷、道夫、斩刀和落物箱等。

为了提高梳理效果,必须将梳针间充塞的短纤维、麻粒和草杂等及时清除。圆梳的清洁通过圆毛刷、道夫、斩刀的工作完成,顶梳的清洁则由清洁刀片完成,并辅以定时的人工清刷。

圆梳的清洁效果是否良好,取决于清洁机构的作用条件,如毛刷材料、相互作用距离和速比等。毛刷材料一般采用猪鬃。对于含短麻、草杂较多的原料来说,为了提高清洁效果,以采用黄草根较好,毛刷和圆梳的工作速比为 3:1。

毛刷在使用中,毛逐渐磨短,直径变小。为保持速比稳定,可更换轴端的传动齿轮,以调整其转速;同时还应通过毛刷轴承座的调节螺丝,以改变其隔距,调节时要注意左右一致。

毛刷直径的改变与变换齿轮齿数的关系如表 7-14 所示。

表 7-14　毛刷直径的改变与变换齿轮齿数的关系

毛刷直径(mm)	165	150	140
变换齿轮齿数	25	23	2

毛刷与圆梳光面的隔距为 4 mm 左右;毛刷与道夫的隔距为 0.2 mm;斩刀与道夫的隔距为 0.2～0.3 mm。

6. 出条机构

出条机构包括出条罗拉、喇叭口、紧压罗拉和麻条筒等。

出条机构的任务是将拔取输出的麻网聚集成麻条,并产生一定的混合均匀作用,然后将麻条周期性地送入麻条筒,供下道工序加工。

对出条部分的要求是,不使麻条产生意外牵伸,保证出条的条干均匀,其关键在于出条罗拉的运动。

出条罗拉由扇形齿架上连接的齿杆传动。扇形齿架做往复摆动时,齿杆做上下往复摆动。为使出条罗拉不退转,也采用类似拔取罗拉上的单向传动机构。

出条罗拉的转速关系到出条质量和条干均匀性。出条罗拉的转速和齿杆连接点离扇形齿架摆轴中心距离成反比,这可由其连接螺钉调节。由于扇形齿架的摆动和拐臂的连接位置有关,当拐角改变时,齿杆也相应改变,以保证出条张力的稳定。

五、精梳的主要概念

1. 梳理死区

当钳板握持麻片须头进行梳理时，未能被圆梳梳理的一段长度，称为梳理死区。梳理死区长度 a 可通过图 7-43 所示的几何关系求得：

$$a = \sqrt{(r+h)^2 - r^2}$$
$$= \sqrt{2rh + h^2}$$

式中：h ——圆梳针尖到钳板的最小距离，一般为 1 mm；

   r ——圆梳的半径，等于 152/2 mm，其中 152 mm 为圆梳直径。

由此可求得梳理死区的最小长度：

$$a = \sqrt{2r+1} = 12.5 \text{(mm)}$$

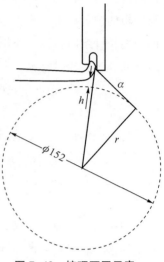

图 7-43　梳理死区示意

由于梳理死区长度较长，为了避免麻片须头有漏梳的现象，顶梳插的最初位置以顶梳与皮板的隔距为根据，靠前不靠后，这样对质量有保证。

2. 拔取隔距

从钳板对麻片须头的钳制线到拔取罗拉的中心线之间的距离，称为拔取隔距，如图7-44 所示，图中各代号代表的意义如下：

AA_1 ——钳板对麻条须头的钳制线；

a ——梳理死区长度，约 12.5 mm；

b ——钳板上钳唇的厚度，mm；

c ——钳板上小毛刷厚度，mm；

d ——顶梳插入须头的最初位置，mm；

s ——顶梳插入须头后向前移动的距离（这个移距要求与喂入长度相配合，其动程的大小与落麻率有关），mm；

KK_1 ——顶梳在拔取过程中到达拔取皮板最近的位置；

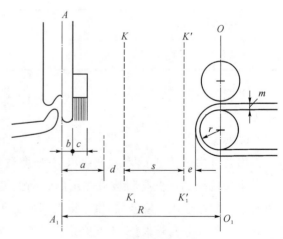

图 7-44　拔取隔距示意

e ——顶梳与皮板的隔距（此隔距越小越好，以不碰皮板为限），mm；

OO_1 ——拔取罗拉中心线；

m ——皮板的厚度，mm；

r ——下拔取罗拉的半径，12.5 mm；

R——理论拔取隔距(即钳板对麻片须头的钳制线到拔取罗拉中心线之间的距离,通常工厂使用的隔距,不包括拔取罗拉的半径和皮板厚度),mm。

由图 7-44 可求得理论拔取隔距 R:

$$R = a + d + s + e + m + r$$

从工艺角度考虑,最小理论拔取隔距 R_{min} 可计算如下:

$$R_{min} = a_{min} + d_{min} + s_{min} + e_{min} + m + r$$
$$a_{min} = 12 \text{ mm}, \quad d_{min} = 0, \quad s_{min} = 5.8 \text{ mm}$$
$$e_{min} = 0.5 \text{ mm}, \quad m = 3 \text{ mm}, \quad r = 12.5 \text{ mm}$$

代入得:

$$R_{min} = 12 + 0 + 5.8 + 0.5 + 3 + 12.5 = 33.8 (\text{mm})$$

若名义拔取隔距用 R' 表示,且 $R' = R - (r + m)$,则最小名义拔取隔距 R'_{min}:

$$R'_{min} = R_{min} - (r + m) = 33.8 - (12.5 + 3) = 18.3 (\text{mm})$$

名义拔取隔距在生产中使用较方便,理论拔取隔距则用于理论分析。

拔取隔距应与纤维长度配合,过大会使较多的短纤维进入麻网,从而影响麻条的质量。

3. 喂给系数

直型精梳机在拔取过程中顶梳前进的隔距与喂入长度的比值,称为喂给系数。

精梳机的喂给往往与拔取同时进行,而给进盒、给进梳的前后移动与顶梳的前后移动也同时进行,因此喂入长度受到顶梳动程的限制。

设 F 代表喂入长度(即给进盒的动程),s 代表顶梳的动程,则喂给系数 α:

$$\alpha = s / F$$

如 $s = 0$,因而 $\alpha = 0$ 时,表示在拔取过程中不向拔取线喂入须丛;

如 $s = F$,因而 $\alpha = 1$ 时,表示在拔取过程中向拔取线喂入 F 长度的须条;

如 $s < F$,因而 $\alpha < 1$ 时,表示在拔取过程中喂入拔取线的长度小于喂入长度,此时喂入长度只有 αF,待顶梳升高后,再补充喂入其余的长度 $(1-\alpha)F$。

喂给系数 α 的大小直接关系到精梳机的落麻率高低。

4. 纤维伸直度与纤维伸直度恢复系数

在直梳过程中,由于麻条处于不同位置,纤维的伸直度是不同的,大致有以下三种情况:

(1)被圆梳梳理的纤维,其伸直度好。

(2)未被圆梳梳理,但在梳理过程中受到拉伸作用,其伸直度较好。

(3)处于钳口后方和短于"死区"的纤维,其伸直度较差。

表示纤维伸直状态的指标有以下两个:

$$\text{伸直度} = \frac{\text{纤维卷曲状态下的长度}}{\text{纤维伸直后的长度}}$$

$$伸直度恢复系数 = \frac{纤维伸直后的长度}{纤维卷曲状态下的长度}$$

伸直度小于或等于1,伸直度恢复系数值大于或等于1。

通常,为了便于分析,假设纤维完全伸直,即伸直度或伸直度恢复系数等于1。

六、 精梳纤维的长度

精梳机的主要任务之一是在精梳过程中将长纤维和短纤维分开(即留长去短)。直型精梳机的喂入时间、喂麻长度和拔取隔距等工艺条件,直接影响精梳长纤维和精梳短纤维的长度范围,而这两类纤维的长度范围不但直接关系到精梳机的短麻率和制成率,而且也关系到麻条的质量。

(1)当 $\alpha = 1$ 时,在拔取过程中,喂给全部喂入长度,此时精梳纤维长度分类如图7-45所示。由于喂入长度(F)是在拔取过程中全部喂入的,所以拔取刚完成时,须丛的最前位置在 OO_1 线上。在圆梳梳理时,上、下钳板在 AA_1 钳口线上紧握须丛,这时只有 AA_1 钳口线之外的纤维才能被圆梳梳理掉,所以能变成短纤维的最大长度等于 R。

当圆梳梳理完毕,钳板张开,开始拔取,须条向前移动 F 的距离,而须丛头端必须有 F 长的一段进入拔取罗拉。凡是被拔取罗拉钳住的纤维都能进入精梳麻网,成为长度为($R-F$)的纤维,由于其尾端原来被 AA_1 线钳制,圆梳梳理时未能梳掉,而当它的头端到达 OO_1 线时,则被拔取并进入麻网,成为精梳麻网中的最短纤维。

由此可见,精梳短麻中的最长纤维比精梳麻网中的最短纤维要长,所以精梳后,这两类纤维的长度从理论上讲是互相交叉的,并不是截然分开的,而在实际生产中,其交叉动程更大些。

(2)当 $0 < \alpha < 1$ 时,在拔取过程中,只喂入全部喂入长度 F 的一部分,即 $0 < \alpha < 1$,此部分以 αF 表示,在拔取完毕且顶梳上升之后,再立刻喂入其余部分的长度($1-\alpha$)F,这种喂入的纤维长度分类如图7-46所示。

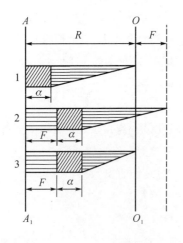

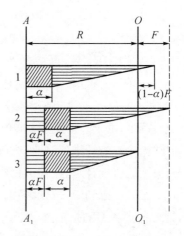

图 7-45　精梳纤维长度分类示意一　　　　图 7-46　精梳纤维长度分类示意二

当圆梳梳理后钳板张开,顶梳下降之前,喂给机构使须丛向前移动 αF 的距离。须丛中长度为 $(R-\alpha F)$ 的纤维,其尾端原来被钳口握持,在圆梳梳理时未被梳掉,而当它的头端到达 OO_1 线时则被拔取,成为精梳麻网中的最短纤维。

当顶梳下降以后,喂给机构使须丛继续向前移动 $(1-\alpha)F$ 的距离,因为这时在后面的须丛呈弯曲状。拔取完毕,顶梳上升后,须丛则向前移动 $(1-\alpha)F$ 的距离。在圆梳梳理时,露在钳板钳口之外的须丛长度为 $R+(1-\alpha)F$。因此,它是进入精梳落麻的最长纤维。

由于喂给系数不同,因而在精梳过程中精梳纤维长度的分类也不一样,见表7-15。

表 7-15　精梳纤维长度的分类

喂给系数 α 值	进入麻网的最短纤维长度	进入落麻的最长纤维长度
$\alpha = 1$	$L_1 = R - F$	$L_2 = R$
$0 < \alpha < 1$	$L_1 = R - \alpha F$	$L_2 = R + (1-\alpha)F$

从表7-15可以看出:

(1)进入精梳麻网的最短纤维长度与精梳落麻中的最长纤维长度,都相差一个 F 值。当拔取隔距 R 不变时,进入麻网的最短纤维长度,随喂给系数 α 和喂入长度 F 的不同而变化。增加喂入长度,则进入麻网的纤维更短。拔取隔距 R 越大,则落麻中的纤维长度越长。

(2)当 α、F 不变时,进入麻网的最短纤维长度,随拔取隔距 R 增加而增大;当隔距 R 不变时,落麻中的纤维长度随喂入长度 F 和喂给系数 α 而变化。

(3)当 $\alpha=1$ 时,落麻中的最长纤维长度与麻网中的最短纤维长度,与 $0<\alpha<1$ 的喂入方式相比,两者都是最短的。

七、 精梳落麻率分析

1. 理论落麻率的计算

在精梳过程中,进入麻网的最短纤维长度为 $L_1=R-\alpha F$,进入落麻的最长纤维长度为 $L_2=R+(1-\alpha)F$。但长度介于 L_1 和 L_2 的纤维,有的可能进入麻网,有的可能成为精梳落麻。假定两者的机会相等,并取 L_1 和 L_2 的平均值为落麻长度分界线,用 L_P 表示其长度,则:

$$L_P = (L_1 + L_2)/2$$
$$= [R - \alpha F + R + (1-\alpha)F]/2$$
$$= R + (1/2 - \alpha)F$$

如图7-47所示,处在 L_P 线右边的纤维都计入精梳落麻,而处在 L_P 线左边的纤维都进入麻网,则:

$$\text{理论落麻率} = \frac{L_P \text{线右边面积}}{\text{纤维排列图总面积}} \times 100\%$$

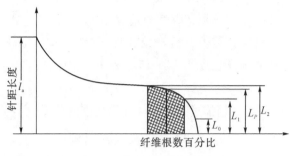

图 7-47　理论落麻率计算示意

2. 影响精梳落麻率的因素

（1）拔取隔距 R。当喂入长度 F 和喂给系数 α 不变时，拔取隔距 R 增大，L_P 增大，落麻率增加。落麻率对 R 的反应较为灵敏，调整 R 也较方便，故可通过调节 R 来控制落麻率的大小。

（2）喂入长度 F 和喂给系数 α。从 $L_P = R + (1/2 - \alpha)F$，可知：

当 $\alpha = 0$ 时，$L_P = R + F/2$；

当 $\alpha = 1/2$ 时，$L_P = R$；

当 $\alpha = 1$ 时，$L_P = R - F/2$。

如图 7-48 所示，在 R 不变的条件下，$\alpha = 0$ 时，喂入长度 F 越大，L_P 也越大，精梳落麻越少，故精梳麻条的制成率越低；当 $\alpha = 0.5$ 时，喂入长度 F 对制成率无影响；当 $\alpha = 1$ 时，喂入长度 F 越大，L_P 越小，落麻越少，精梳麻条的制成率越高。

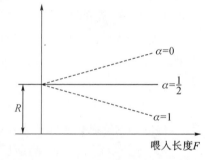

图 7-48　R、F、α 与落麻率的关系示意

（3）精梳前的准备工作。精梳前的准备工作对精梳落麻的影响，主要指精梳前各道工序对纤维的伸直作用。因此，应合理配置麻条的喂入方式。

八、梳理作用分析

在精梳过程中，圆梳和顶梳共同完成梳理须丛纤维的作用，圆梳对须丛纤维的头端进行梳理，而顶梳对须丛纤维的尾端进行梳理。由于圆梳和顶梳的工作条件及其对纤维的作用条件不同，所以它们的梳理作用和效果也有差异。

1. 圆梳的工作分析

（1）圆梳的结构与组合。圆梳的工作主要是对麻条须丛纤维头端进行梳理。圆梳每分钟的转数就是精梳机的车速，与精梳机的产量和质量有着密切的关系。

在圆梳梳理过程中，须丛被钳板的钳口握持，钳口外的须丛纤维头端必须进入圆梳的针隙。如图 7-49(a) 所示。

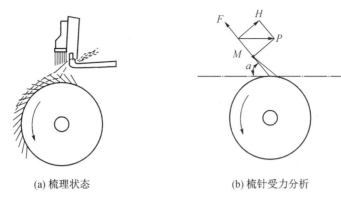

(a) 梳理状态　　　　　　(b) 梳针受力分析

图 7-49　圆梳作用分析示意

由于上钳板外侧的小毛刷的弹力作用,须丛纤维易进入圆梳的针隙。当圆梳针尖刺入须丛之后,随着圆梳的转动,纤维产生作用于钢针上的反作用力(即须丛张力)P,P 可分解为 M 和 H 两个分力。

如图 7-49(b)所示,β 为钢针的倾斜角度,M 为纤维沿针杆向针根移动的力,H 为纤维对针杆工作面的垂直压力,F 为阻碍纤维沿针杆向针根移动的摩擦阻力。$F = \mu H$,其中 μ 为麻与钢针的摩擦因数。

从图 7-49(b)可以看出:

$$M = P\cos\beta$$
$$H = P\sin\beta$$
$$F = \mu H = \mu P\sin\beta$$
$$M - F = P\cos\beta - \mu P\sin\beta = P(\cos\beta - \mu\sin\beta)$$

从上式可以看出,随着钢针倾角 β 的减小,须丛纤维向针根移动的力($M-F$)逐渐增大。

在梳理过程中,由于 $M > F$,故纤维力图沉入针隙,致使钢针对须丛纤维有较大的握持力,这对伸直纤维,排除短纤维、麻粒和杂质等,均有较好的效果。

圆梳清除短纤维和杂质是逐渐实现的。前排钢针刺入须丛时,由于须丛密度较大,纤维间的联系较紧,钢针受力最大,所以针号最低(即针径最粗),能经受较大的拉力,同时针密也最稀。可初步将须丛纤维分梳成较大的纤维束,并清除较长的短纤维、麻片和较大的草杂等。

(2)圆梳的梳理速度。圆梳的梳理速度是变化的。梳理区的速度高于非梳理区的速度,而且梳理区的速度逐渐由快变慢,这样可以减少纤维在梳理过程中的损伤,提高梳理效果,并保证在梳理须丛纤维头端时,有利于其他各机件工作时间的正确配合。

(3)圆梳的梳理次数。在圆梳梳理须丛时,如果每次喂入的长度增大,则单位长度麻条承受圆梳梳理次数减少,因而梳理效果减弱。梳理效果可以用重复梳理次数表示。所谓重复梳理次数就是,喂入的麻条须丛从开始接触圆梳梳理到被拔取罗拉拔离的这段时间里,受到圆梳梳理的总次数,其大小可以由拔取隔距和喂入长度之比反映。在梳理过程中,圆梳能够梳理须丛的长度为 l,等于拔取隔距 R 加上拔取后的喂入长度 $(1-a)F$ 再减去梳理死区长度 a,即:

$$l = R + (1-\alpha)F - \alpha$$

故圆梳对麻条的重复梳理次数:

$$n = [R + (1-\alpha)F - \alpha]/F$$

可以看出,喂入长度越大,圆梳的重复梳理次数越少,梳理效果就差。因此,喂入长度应根据原料特点和质量要求选定。

2. 顶梳的工作分析

须丛纤维尾端的梳理主要靠顶梳完成。顶梳机械状态与精梳麻条的质量关系密切。顶梳梳针刺透须丛是须丛尾端进行梳理的必要条件。梳针插入须丛的深度应适当,如插入太深,纤维受到的张力太大,有拉断的可能。

梳针是否容易刺入须丛,与下钳板、拔取罗拉和梳针针尖的相对位置及梳针的倾斜角度有关。

如图 7-50(a)所示,在拔取过程中,当拔取罗拉钳口 3 开始与须丛按触时,顶梳 1 即插入须丛。此时须丛略有倾斜,当顶梳下降 h 距离后到达最低位置时,须丛形成一条折线,折线下段的长度为梳针刺透须丛的深度。这时,拔取罗拉钳制的纤维受到牵引力 P。拔取纤维的尾端因梳针与相邻纤维间摩擦而得到梳理,杂质和短纤维则滞留在顶梳的后方,待下个工作周期时被圆梳针排带走而形成落麻。

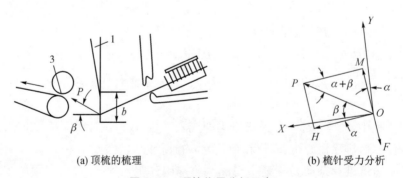

(a) 顶梳的梳理   (b) 梳针受力分析

图 7-50　顶梳作用分析示意

P 可分解为沿梳针方向的分力 M 和垂直于梳针方向的分力 H,如图 7-50(b)所示,图中:β 为 P 力与水平方向的夹角,其值与顶梳下降距离 h 有关;α 为顶梳的倾斜角度。从图 7-50(b)可知:

$$H = P\cos(\alpha+\beta); \quad M = P\sin(\alpha+\beta)$$

分为 M 可使须丛纤维克服钢针的摩擦阻力 F 而进入顶梳梳针,故 M 必须大于 F,即:

$$M > F$$
$$P\sin(\alpha+\beta) > F$$

$$P > F/\sin(\alpha + \beta)$$

分为 H 为须丛纤维从顶梳梳针间拉出时所需要的力,它必须克服三种摩擦力:第一种是梳针对拔取纤维的摩擦力 F_1;第二种是被拔取纤维与梳针间其他纤维之间的摩擦力 F_2;第三种是被拔取纤维的针后须丛纤维间的摩擦力 F_3。因此,纤维须丛顶梳实现梳理拔取的条件:

$$H > F_1 + F_2 + F_3$$
$$P\cos(\alpha + \beta) > F_1 + F_2 + F_3$$
$$P > (F_1 + F_2 + F_3)/\cos(\alpha + \beta)$$

从以上分析可知,影响顶梳梳理作用的因素包括:

(1) M 的大小与 α 和 β 值有关。一般 α 为定值,β 为变值。顶梳的位置越低,β 值越大,则 M 越大,顶梳刺入须丛的深度越大,这样对梳理纤维和清除杂质、麻粒有利。但 M 过大时,纤维会深入针根部分,同时由于 P 也增大,容易拉断纤维;若 M 太小,顶梳插入须丛较浅,则麻网反面有麻粒。

(2) 当 F 大时,须丛不易深入针隙,如果喂入产品的线密度大,梳针密度宜稀。F_1 与梳针密度有关,F_2 与拔取纤维和其他纤维的联系状态有关,F_3 与纤维长度、喂入麻条结构、顶梳位置和拔取速度等有关。

第八章 粗　　纱

第一节　概　　述

从长麻纺工程的末道并条机或短麻纺工程的末道针梳机下机的熟条,虽然在长、短片断均匀度方面得到改善,但由于麻条条重大,如果直接用来纺制细纱,则需要 100 倍左右的牵伸,而现有亚麻湿纺细纱机的牵伸能力为 20～30 倍,远远低于上述要求。另外,亚麻纤维原料在湿法纺纱前需进行漂练、脱胶、除杂处理。处理后,粗纱的质量损失率为 10%～15%,从而在一定程度上破坏了原有粗纱结构的紧密程度,这就需要在粗纱工序纺出的粗纱条上加适当的捻度,使漂练后的粗纱仍具有一定的强度和紧密度,并使纤维具有一定的分裂度,以适应细纱机加工的需要。

一、 粗纱工序的任务

(1)粗纱工序采用 7～12 倍牵伸,将熟条进一步伸长拉细,以适应细纱机牵伸工艺的设计要求。

(2)将牵伸出来的粗纱条加上适当的捻度,使粗纱具有一定的强度和紧密度,尤其是径向卷绕密度有一定的技术要求,以满足后道漂练工序的需要。

(3)利用粗纱机上针排较密集的梳针进一步分劈纤维和梳理纤维。

(4)将纺制成的粗纱制成一定的卷装形式,便于搬运、储存及后道工序的加工。

二、 粗纱机的分类

在亚麻纺纱中,粗纱机的种类可按不同因素进行分类。

1. 按加捻和卷绕结构的形式分

(1)平锭式粗纱机。当锭翼回转加捻时,载有粗纱筒管的龙筋做升降运动,使加捻后的粗纱卷绕在筒管上。

(2)悬吊式锭翼粗纱机。这种结构的锭翼中,上龙筋是固定的,下龙筋做升降运动。其特点是落纱时,可以不拔锭翼,便于操作;由于取消了落纱时拔锭翼的动作,可对锭翼加固和加厚,有利于减少两臂变形和提高回转的稳定性;上龙筋位于锭翼顶端与前罗拉吐出纱条之间,阻隔锭翼高速时所引起的气流对纱条的干扰,减少纱条飘动和飞花,穿头不长(锭翼顶孔与侧孔距离长)。它分为钟罩式吊锭翼和开式悬吊锭翼两种形式。

① 钟罩式吊锭翼。翼形如钟罩,翼臂甚短,高速运转时不易变形。

② 开式悬吊锭翼。锭翼由支承件固装在上龙筋上,锭翼齿轮由上长轴齿轮传动,筒管上部支杆和筒管下部支杆必须对准中心线,随筒管齿轮回转,筒管齿轮则由下长轴齿轮传动,下长轴齿轮、筒管齿轮和筒管都随下龙筋做升降运动。

2. 按亚麻纤维原料的种类分

(1)长麻粗纱机。即打成麻经栉梳机梳后的梳成麻,再经长麻加工系统的粗纱机。

(2)短麻粗纱机。即打成麻经栉梳机梳下的机器短麻,再经短麻加工系统的粗纱机。

长麻粗纱机和短麻粗纱机在结构上基本相同,区别在于牵伸隔距和针排的节数不同。短麻粗纱机采用的牵伸倍数是 5~7.5,长麻粗纱机采用的牵伸倍数是 9~13。

一般来说,打成麻进厂后,都要经栉梳机加工成梳成麻和机器短麻。为此,亚麻纺织企业分别备有长麻粗纱机和短麻粗纱机。但也可以采用同一种长麻粗纱机加工长、短麻,其粗纱质量也能达到纺纱工艺的要求。

三、 粗纱机的工艺过程

粗纱机的工艺过程如图 8-1 所示。

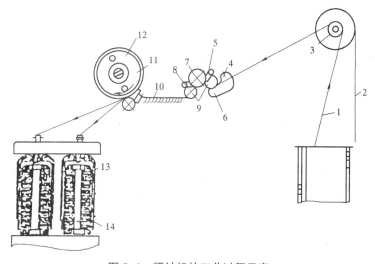

图 8-1 粗纱机的工艺过程示意

麻条 1 自麻条筒引出,经高架导条架 2,通过导条转子 3,喂入引导器 4 和托板 6,进入喂入罗拉对。喂入罗拉对由两只下金属罗拉 8、9 和一只自重加压罗拉 7 及绒辊 5 组成。麻条由喂入罗拉进入针排 10。针排的移动靠螺杆的回转实现。麻条从针排出来,经过牵伸引导 11,进入牵伸罗拉对。牵伸罗拉对由上牵伸金属罗拉和加压丁腈罗拉 12 组成。

麻条从喂入罗拉到牵伸罗拉,受到牵伸作用后变成较细的麻条。这种麻条从牵伸罗拉输出后直接进入锭 13,穿入锭翼顶部的孔中,由锭翼侧孔引出,通过锭翼臂中的空腔导至筒管 14 上。锭翼固套在锭子上与锭子一起回转。因此,锭子转一转,麻条上被加上一个捻回。为使麻条有规律地卷绕在筒管上,筒管转速要大于锭翼转速,两者之差即粗纱管单位时间内的卷绕数。同时,依靠成形机构的作用,上龙筋带着筒管一起按一定规律做升降运动,使粗纱卷绕成符合规定形状的粗纱管。

第二节　粗纱机的喂入机构和牵伸机构

一、喂入机构

亚麻粗纱机的喂入机构,主要是一套装在轴上的导条轮,分成两列。麻条自麻条筒中引出,分别经粗麻的导条轮及装在喂入罗拉后面的喂入引导器进入牵伸区。麻条经过路程虽很长,但由于导条轮和引导器相隔,不会相互干扰。

导条轮除了活套在轴上,也可与轴固定,此时轴需积极回转,使得导条轮的表面速度略低于喂入罗拉,形成一定张力。这种装置比活套的好,可以避免活套时的横向移动或因轴上有麻绒而使轮回转不灵活。

导条轮安装在导条架上,分为固定式和转动式两种。长麻粗纱机采用固定式导条轮,优点是导条过程中不易缠麻。短麻粗纱机采用转动式导条轮,优点是避免短麻条中的纤维因长度偏短在导条过程中产生意外牵伸,影响条干均匀度。

喂入引导器是两片可移动的硬塑料片。喂入引导器的隔距过大,针排内麻条密度小,纤维松散,易跑出针排外,使麻条在牵伸过程中分劈和控制不良。喂入引导器的隔距过小,针排内麻条的密度大,会增加前牵伸罗拉的负担,导致牵伸不理想,产生打滑现象。在生产中,喂入引导器的隔距应大于牵伸引导器隔距 3~4 mm。喂入引导器的安装原则是喂入引导器、针排、前牵伸罗拉在一条中心线上,否则喂入的麻条易跑到针排外,影响粗纱机的工作质量。

导条架是金属支架,其作用是将末道并条机(或末道针梳机)下机条筒中的麻条通过安装在导条架上的导条轮喂入粗纱机的牵伸机构。导条架与粗纱机之间的跨度是否合理,与粗纱加工质量优劣有关。长麻粗纱机导条架应适当加长,这能使从麻条筒输出的麻条经导条轮约转 90°输向后牵伸罗拉,这样可避免因转角过大使麻条产生意外牵伸。

二、牵伸机构

亚麻粗纱机的牵伸机构与长麻并条机牵伸机构的构造基本上相同,区别之处是并条机上既有牵伸又有并合功能,而粗纱机上仅有牵伸而无并合。牵伸装置的具体工艺参数,如粗纱机针板上植针密度、牵伸倍数,都较单针排螺杆式并条机大。

在粗纱机的牵伸装置中,靠近前罗拉处装有集合器,其形状是进口大、出口小,俗称集麻喇叭器,具体尺寸可根据粗纱细度确定。采用集合器的优点是,可使前牵伸钳口进口处的纤维须条有适当的密度,增加了附加摩擦力界宽度,有利于控制针排机构的最后一块针排与前牵伸罗拉钳口间无控制区内浮游纤维的运动速度,提高粗纱质量。粗纱机的后牵伸部分由后牵伸下罗拉、两排各 48 节的钢质光罗拉(即第一、第二喂麻罗拉),以及 48 节压在第一、第二喂麻罗拉上的自重式加压罗拉和前、后绒棒辊组成。

第二喂麻罗拉直径大于第一喂麻罗拉直径 0.5~1.0 mm。这样可使输出端罗拉(即第二喂麻罗拉)对麻条的张力保持一定,从而保证输出的麻条被针排上的梳针刺透。绒棒辊的作用是清洁上、下加压罗拉。

针排机构由十二节针箱组成,每节针箱有八组针排。每组针排各由两对工作螺杆与回程螺杆、使针排上升和下降的凸轮及针排运动的导轨等组成。每组针排对应一枚粗纱锭,控制针排内的纤维运动。亚麻粗纱机采用开式针排。为了防止超针现象及使针排上梳针顺利插入须条,除喂入引导器安装正确外,针排的线速度应略大于后牵伸罗拉速度,这样能给喂入的麻条施加一定的张力,使麻条保持一定的伸直度,便于梳理和分劈束纤维。

前牵伸钳口由前牵伸罗拉对和导条集合器(即牵伸引导器)组成。前牵伸罗拉采用的是在外面包覆橡胶或软木的铸铁罗拉,有的工厂采用橡胶外再包覆软木等,其优缺点各不相同。

采用橡胶包覆的牵伸罗拉易缠麻,而且使用时间久了,橡胶会老化,但粗纱的条粗、条干较好。

采用软木包覆的牵伸罗拉不易缠麻,但软木的耐久性和易损性差,并且输入麻条的条粗、条干不如橡胶罗拉。采用橡胶外包覆软木的牵伸罗拉是综合前两种罗拉的优缺点而设计的,由纺纱实际生产来看,对解决牵伸罗拉缠麻和提高粗纱条粗、条干效果较好。前牵伸上罗拉是每两个罗拉为一组的罗拉对,两个罗拉由小轴连接,机台在小轴上采用弹簧式加压,其特点是结构轻巧,操作方便。在上、下牵伸罗拉之间装有导条集合器,形状为进口大、出口小,出口端宽度有 10 mm、12 mm、15 mm 三种规格。具体的尺寸规格可根据粗纱线密度确定。一般粗纱线密度低,可选用较小尺寸规格的导条集合器。

第三节 粗纱机的加捻机构

粗纱加捻后,外层纤维对内层纤维产生向心压力,从而使纤维间紧密度增加,使纱条具有一定的强度、弹性、伸长和光泽等性能。加捻程度对机械效率、劳动生产率也有很大的影响。因此,在纺纱过程中合理地选择纱条最佳捻度,具有重大意义。

加捻后纱条所产生的物理现象:

第一,纤维在纱条的轴线方向,呈螺旋形排列。

第二,纤维被拉直伸长。

第三,位于麻条内层的纤维受压应力大,而位于外层的纤维受拉力大,所以外层纤维有较大的拉伸。

第四,加捻后麻条的长度缩短,即捻缩现象。

一、衡量加捻程度的指标

在纺纱过程中,标志加捻程度的指标通常有三个。

1. 捻回角

捻回角(β)是指麻条加捻后外层纤维对产品轴线的倾斜角度。捻回角越大,表明麻条加捻越多,则纤维对产品轴线的倾斜越大。

2. 捻度

捻度（T）是指麻条单位长度上具有的捻回数：

$$T = \frac{d_\phi}{d_e}$$

式中：d_ϕ——麻条的扭转角；

    d_e——麻条的长度。

在纺纱中，一般采用长度为1 m、10 cm、1 cm的纱线上的捻回数表示。在亚麻纺纱中，常用长度1 cm或1 m以上纱线具有的捻回数表示粗纱的捻度。

捻度可以通过计算或试验得到，若前罗拉表面速度为V，锭翼的转数为n，则计算捻度：

$$T = \frac{n}{V}$$

用捻度试验仪试验所得的捻度为实际捻度。在麻条加捻过程中，长度有变化，实际捻度与计算捻度总有些差异，所以捻度是衡量相同线密度麻条加捻程度的参数。在两根线密度相同而捻度不同的麻条上，由于麻条拉伸，纤维受到同样的力时，捻度大的麻条产生的向心压力较大，纤维间摩擦及由此而引起的纱条强力较高，结构亦紧密结实。但捻度不能衡量不同线密度麻条的加捻程度。同样的捻度下，线密度低的麻条，纤维受相同的力时，其向心压力较小，纱条结构比较松软。为此，产生了一个表示麻条加捻程度的参数——捻系数。

3. 捻系数

纱条的加捻程度取决于纤维受到的向心力，而向心力显然与捻回角有密切关系，如图8-2所示。但捻回角的计算不方便，于是人们把它转化为捻系数。

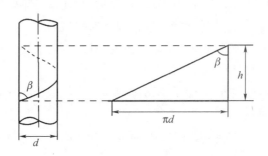

图8-2　向心力与捻回角（β）的关系

（1）捻系数α的意义可以从加捻公式的推导而知：

设从加捻麻条中截取的一段长度为L。为了讨论方便，假定这段麻条为一圆柱体，直径为d，其中，纤维都以螺旋线的状态相互平行地排列。当麻条具有一个捻回角时，从图8-2右面的展开图可知：

推导α时，通常以特克斯制为例。纱线线密度的定义为1 000 m长的纱线在公定回潮率下的质量克数，即：

$$\mathrm{Tt} = 1\,000 \times 100 \times \frac{G}{L}$$

而:

$$G = \pi r^2 L \delta$$

式中: G——纱线质量, g;

　　　 L——纱线长度, cm;

　　　 δ——纱条密度, g/cm^3;

　　　 r——纱线半径, cm。

则:

$$\mathrm{Tt} = \frac{10^5 \times \pi \times r^2 \times L \times \delta}{L} = 10^5 \times \pi \times r^2 \times \delta$$

又:

$$r = \sqrt{\frac{\mathrm{Tt}}{\pi \times \delta \times 10^5}}$$

$$\tan \beta = \frac{2\pi r \times \mathrm{Tt}}{10}$$

则特克斯制捻度 T_{tex} 的计算公式:

$$T_{\text{tex}} = \frac{\tan \beta \sqrt{\delta \times 10^7}}{2\sqrt{\pi}} \times \frac{1}{\sqrt{\mathrm{Tt}}}$$

令

$$\alpha_{\text{t}} = \frac{\tan \beta \sqrt{\delta \times 10^7}}{2\sqrt{\pi}}$$

则:

$$T_{\text{tex}} = \alpha_{\text{t}} \times \frac{1}{\sqrt{\mathrm{Tt}}}$$

式中: α_{t}——特克斯制捻系数。

因 δ 可视作常量, 故 α_{t} 只随 $\tan \beta$ 的增减而增减。所以, 用 α_{t} 度量纱条的加捻程度和用 β 具有同等意义。

(2) 粗纱捻系数的确定。对整个纺纱工程来说, 粗纱属于半成品, 粗纱加捻是使粗纱获得一定的强力。当亚麻纤维长度及分裂度和粗纱定量确定后, 粗纱的强力主要取决于粗纱捻系数。捻系数小, 强力低, 在粗纱卷绕和退绕过程中容易产生意外伸长, 增加断头和条干不匀, 在细纱机上牵伸时, 须条松软也不利于成纱的条干和强力。捻系数过大, 对粗纱的卷绕和退绕固然有利, 但要防止细纱牵伸不开而出现硬头现象。此外, 粗纱捻系数的大小还影响粗纱机的生产率。因此, 粗纱捻系数必须认真选择。一般湿纺和干纺, 湿纺 α 小, 干纺 α 大; 粗纱线密度小的, α 可大; 粗纱中的纤维长度长, α 可小; 粗纱如要经过煮练工艺, α 可稍大; 粗纱直接上细纱机的, α 可稍小。

现将亚麻纺纱中采用的粗纱捻系数列于表 8-1,供参考。

表 8-1　粗纱捻系数

粗纱名称	公制捻系数 α_m	特克斯制捻系数 α_t
普通长麻干纺粗纱	0.23	727
普通长麻湿纺粗纱	0.21	664
普通短麻干纺粗纱	0.42	1 327
普通短麻湿纺粗纱	0.40	1 264
1 000~1 250 tex(0.8~1 公支)煮漂长麻粗纱	0.19~0.21	600~664
400~800 tex(1.25~2.5公支)煮漂长麻粗纱	0.21~0.23	664~727
1 000~1 420 tex(0.7~1 公支)煮漂短麻粗纱	0.35~0.36	1 105~1 010
400~1 250 tex(0.8~2.5公支)漂白长麻粗纱	0.20~0.22	630~700
1 000~1 429 tex(0.7~1 公支)漂白短麻粗纱	0.31~0.32	980~1 010

关于公制捻系数 α_m 和特克斯制捻系数 α_t,其换算关系式为 $\alpha_t = 3\ 160\alpha_m$。

4. 三个指标间的关系

从以上三个表示加捻程度的指标来看,它们都以捻回角的大小为依据。但由于捻回角本身很难用实际测量的方法或数学的方法求得,因此不实用。捻度只能比较线密度相同的麻条。若麻条的线密度不同,捻度相同时,捻回角不同。也就是说,捻度大的麻条,捻回角不一定也大。但由于捻度测定比较方便、准确,其在工艺计算中普遍采用。

捻系数作为捻回角的函数,用作表征加捻程度的指标,只要麻条密度不变,捻回角不会随线密度不同而有差别。因此,捻系数对比较不同线密度纱线加捻程度是较完善的。这样,捻系数在实用性上优于捻回角,在表征加捻程度方面较捻度完善,所以在生产中被广泛采用。

二、 加捻的重要概念

1. 捻向

麻条加捻后,表面纤维的倾斜方向为捻向。捻向共有两种,一种为 S 捻,如图 8-3(a)所示,表面纤维由麻条的右下方向左上方倾斜,即按左旋方向排列,又称左捻,或称反手捻。另一种为 Z 捻,如图 8-3(b)所示,表面纤维由麻条的左上方向右下方倾斜,即按右旋方向排列,又称右捻,或称顺手捻。

纺纱生产中一般采用 Z 捻,合股线采用 S 捻,某些特殊要求的细纱也用 S 捻。

(1)捻回转移。麻条加捻是因为力的作用,被加捻的纱条上获得力偶。该力偶使半弹性体的麻条产生变形。随着加捻过程

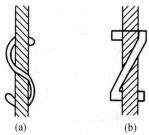

(a)　　　　　　(b)

图 8-3　捻向示意

的进行,加捻点处的变形大,即捻度大,其扭转刚度也相应提高。这样,加捻力偶就通过这段麻条传递至没有加捻或捻度尚少的部分,使麻条各处都得到捻度。这种现象叫捻回转移。

(2)捻回分布。由于捻回的转移受力的支配,因此,在外加力偶稳定的情况下,麻条粗的地方由于扭转刚性大,被加上的捻回少,而细的地方则捻回较多。由此可见,当被加捻的麻条粗细不均匀时,加捻后捻度在麻条上的分布也是不均匀的,结果是原来粗的麻条部分捻度小,原来细的麻条部分捻度大,这样就改善了强力不匀的情况。

(3)捻回重分布。捻回转移不但在加捻过程中发生,即麻条在某个力平衡情况下,存在捻回分布状态,而且,当加捻后麻条受力的影响发生变形时,因麻条各部分的变形不同,所产生的应力也不同,于是麻条上的捻回重新转移,进行自行调整,最终达到新的平衡状态。这一现象称为捻回重分布。

这一现象对粗纱有更重要的影响,因为有捻粗纱喂入到细纱机的牵伸区之后,捻度重新分布的结果使细的地方捻度集中,会破坏牵伸过程。因此,在牵伸有捻粗纱时,必须防止捻回重分布现象。

3. 捻陷

麻条在加捻过程中,捻度的正常转移受到一个物体的阻力,致使加捻点到物体间的捻度大,而物体到麻条喂入处的捻度小。在纺纱中,这个现象称为捻陷。

捻陷存在于加捻过程中,使捻回的正常传递受到破坏,造成捻回分布的不均匀,捻度少处易断头,但它对输出麻条的捻度没有影响。

4. 假捻

麻条的两端被握持,而加捻点在两端握持点之间。当加捻点转一转时,加捻点的左右各加上一个方向相反的捻回。假如被加捻的麻条处于静止状态,加捻点左右加上的捻回数就等于加捻器的转数 n。即:

$$T_1 = T_2 = n$$

这时,麻条上的捻回是实际存在的。假如麻条连续地按速度 V 由 A 处输入,通过加捻点 C 后由 B 处输出,由于 C 左右的捻回数相等而方向相反,麻条由 C 出来后,其上的捻回就自行相互抵消。即:

$$VT_1 - n = VT_2$$

因此,这样的加捻对麻条的最终捻度没有影响,称为假捻。

粗纱机上假捻的运用是前罗拉输出麻条,穿过锭帽后,随锭翼一起回转,被加上捻回,由于麻条在运动过程中受到锭帽 b 点的轴向摩擦,所以加的捻回不能顺利地传递到上方的一段麻条上,即产生捻陷现象,使 ab 段麻条的捻度较小,强力较低。前排麻条长,导纱角小,在 b 点的轴向摩擦较大,因而捻陷较后排严重。根据试验,前排 ab 段麻条的捻度仅为粗纱捻度的 $60\%\sim80\%$。当锭翼回转引起麻条抖动时,前排麻条不正常的意外伸长较后排大,这会直接影响细纱的质量不匀率。锭速提高时,前、后排麻条的伸长差异就更大。为减少并消除前、后排麻条的捻陷引起的伸长差异,在粗纱机上运用假捻是一种行之有效的方法。即在粗纱机锭帽上刻槽或加装假捻器,利用假捻器回转时对麻条周围的摩擦,使麻条绕着本身的轴心线回转,以增加 ab 段麻条的捻度或强力,减少粗纱的意外伸长,短片段均匀度也可提高。

三、 加捻的方法和过程

1. 加捻方法

要实现对麻条的加捻,必须保证麻条的连续输出并卷绕到纱管上。因此,要求加捻机件速度高,且加捻机构简单。

目前,粗纱生产中广泛采用如图 8-4(a)所示的方法,纱段 OB 以 O 为中心连续回转,纱条 O 点截面就被迫相对于其上方的截面扭转而实现加捻,因此 O 点称为加捻点,纱条由 A 点输入、B 点输出且均为连续的。图 8-4(b)所示的加捻方法常用于细纱生产,纱条由 O_1 点输入,O_2 点输出,其加捻点为 C。

2. 粗纱机的加捻过程

如图 8-5 所示,在粗纱机上,麻条自前罗拉钳口输出,进入锭帽顶孔,又从锭帽的侧孔中穿出,绕过锭帽表面若干弧度,进入锭翼的空心臂。边孔 b 为加捻点,麻条在此处获得捻度并传递至前罗拉的钳口,使加捻区 abc 段麻条都有捻度。

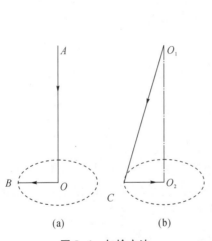

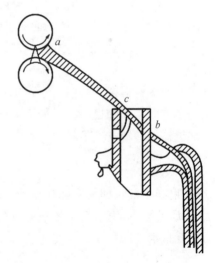

图 8-4　加捻方法　　　　　　　　　图 8-5　粗纱机的加捻过程

加捻机件不可能安装在极靠近前罗拉钳口的地方,必须保持一定的距离。由于麻条捻度有转移的特性,因此,加捻点施加的捻回迅速地到达前罗拉钳口处,使得松软的麻条一离开前罗拉钳口即被加上捻而具有一定强度,保证粗纱工序的顺利进行。

加捻过程中,锭帽上的 c 点是产生捻陷的地方,使 cb 段捻度大,ca 段捻度小而造成粗纱断头。为了减少断头,必须使 c 处与麻条有足够的摩擦力,这样就可以变 c 点为一只假捻器,使 ca 段麻条捻度增加,强力提高,不易断头,而对麻条的最终捻度没有影响。因此,生产中常在锭帽上刻槽或增加一个摩擦因数大的附件(如丁氰橡胶帽套)。

四、 主要加捻部件的结构与作用

1. 锭翼

在亚麻纺纱中,不论是吊锭粗纱机还是平锭粗纱机,锭翼是完成加捻的主要机件。锭翼的两臂是空心的,可以作为纱条的通道,臂的下端有导纱眼,可以将纱由空心臂引向筒管。

(1)平锭粗纱机锭翼。锭翼上的锭帽有顶孔和侧孔,侧孔焊有马钉,马钉又座落在锭子的螺旋形凹槽内,使锭翼和锭子连成一体,一起回转。

(2)吊锭粗纱机锭翼。锭翼和锭帽是分开的,锭帽上有顶孔和侧孔,锭帽下端外面有螺纹与锭翼顶丝相连,使锭翼和锭帽一起回转。

2. 锭子

锭子是一根圆形钢杆,顶端有凹槽,用以支持并带动锭翼转动,下部锭尖插入锭脚油杯,作为锭子的下部支承。

3. 锭速

锭子的速度关系到粗纱的产量。锭速取决于锭子、锭翼、传动部件的结构和质量、加工原料的品种和性能、粗纱定量、捻系数及机台配备等因素。

锭子高速回转容易引起粗纱张力增加,锭子和锭翼摆头,龙筋抖动,甚至由于锭翼本身变形,出现锭翼相互"打架"的现象。因此,为了提高锭速,必须改善锭子和锭翼的材料和制造的精度,使其既轻又有足够的刚度。同时,在结构一定的情况下,保证机械状态良好及选择合适的工艺参数,也可以实现一定程度的高速。

第四节 粗纱机的卷绕成形机构

一、 粗纱卷绕的目的

1. 粗纱卷绕的目的

(1)粗纱卷绕成形是为细纱工序纺纱的准备。

(2)粗纱卷绕成形,便于运输、储存。

2. 粗纱卷绕的形式

亚麻纺纱中,粗纱的卷绕形式是圆柱形平行卷绕,即采用有边筒管,使粗纱有规律地排列其上,在纱管体积不大的情况下,卷绕密度可以提高,能够达到卷绕目的,更有利于以后煮漂工序。

二、 粗纱卷绕的过程

粗纱的卷绕由锭翼和筒管转速差实现。为此,有两种可能情况:第一种是锭翼的转速高于筒管转速,纺纱中称为翼导;第二种是筒管的转速高于锭翼转速,纺纱中称为管导。

我国亚麻纺织厂目前使用的粗纱机多为翼导,而新型亚麻粗纱机都采用管导设计,如意大利 BF255-140 型粗纱机。从纺纱学的观点来看,管导比翼导好,其理由:

(1) 管导时,粗纱断头后,筒管上的纱头能贴于纱管表面一起回转,即不会产生飘头;翼导时,粗纱断头后,筒管上有飘头,影响邻近的粗纱质量。

(2) 管导时,筒管的转速随着粗纱卷绕直径的不断增加而逐渐下降,使传动机件负荷均衡;翼导时,筒管的转速随着粗纱卷绕直径的增加而相应增加,传动机件负荷很不均匀。

(3) 管导卷绕,在肩车时只有粗纱松弛才不易引起断头。从传动系统来看,筒管由铁炮皮带传动,锭翼由几只齿轮直接传动,所以开车时筒管启动较锭翼迟,而且加速慢。

三、 粗纱卷绕成形的基本要求

粗纱机在卷绕过程中必须严格满足下列要求:

(1) 筒管卷绕粗纱的速度,必须与前罗拉输出麻条的速度适应(不计加捻后的缩短现象),即:

$$V_F = \pi d_F n_F = \pm \pi d_K (n_K - n_B)$$

或

$$n_K - n_B = \pm \frac{V_F}{\pi d_K}$$

式中:V_F——前罗拉输出麻条的速度,mm/min;

d_F——前罗拉直径,mm;

n_F——前罗拉转速,r/min;

n_K——筒管转速,r/min;

n_B——锭子(或锭翼)转速,r/min;

d_K——筒管的绕纱直径,mm。

由上式可知,当 d_K 增大时,筒管转速 n_K 在翼导时不断增加,在管导时不断减小,在圆柱形平行卷绕中,因同一层的 d_K 不变,当一层纱卷绕完毕,在其外层卷绕下一层时,d_K 剧增,n_K 也随之突变,所以 n_K 会出现阶梯式的变化。

(2) 粗纱管升降运动速度,至少应保证一层纱卷绕时纱圈与纱圈间正确地相互紧靠,即:

$$V_K = \frac{h V_K}{\pi d_K}$$

式中:V_K——粗纱筒管(龙筋)升降速度,mm/min;

h——纱圈节距(等于粗纱截面沿筒管轴向的高度),mm。

由上式可知,当 d_K 逐层增加时,V_K 逐层降低。

(3) 载有粗纱筒管的龙筋,必须正确、及时地在每层粗纱卷绕完最后一圈时变更方向。

(4) 筒管必须在管纱体积一定的情况下容许装载尽可能多的粗纱。

粗纱机上卷绕的基本机件是筒管和锭翼,要使筒管和锭翼的转速差能够符合卷绕的四个基本要求,必须辅以差动装置、摆动装置、升降装置和成形装置。

2. 粗纱机的差动装置

粗纱机的差动机构是很重要的装置。该装置把变速机构的变化速度和恒定的主轴速度(锭翼速度)合成后传给筒管,以保证粗纱卷绕过程中筒管的转速要求和载有粗纱筒管的龙筋升降速度。

四、 差动装置

从粗纱机传动系统的设计可知,差动装置就是把变速机构的变化速度和恒定的主轴速度(翼锭速度)合成后传给筒管,以保证粗纱卷绕过程中筒管的转速和载有粗纱筒管的龙筋升降的变化需要。

1. 差动装置的优点

筒管的传动可由传动龙筋的下铁炮担任。铁炮只传递筒管回转所需要的一小部分动力,而主要动力来自主轴,可减轻铁炮皮带负荷,稳定皮带工作条件,减少滑动。从主轴到差动装置的传动,全部使用齿轮,因此不存在滑动影响。欲变更捻度齿轮时,粗纱的输出速度会相应变化,卷绕速度也按比例变化。

2. 差动装置的形式

粗纱机上的差动机构装在主轴上,其结构是一周转轮系,包括首轮、末轮和臂三个部分。亚麻粗纱机常用的差动装置形式多种,如正常轮式、日星式、同旁式、偏心套筒式等。无论哪种差动装置,都应达到以下要求:

(1) 机构简单,保全保养方便。

(2) 平衡状态良好,回转时震动小。

(3) 机械效率高,磨损少。

(4) 传动正确。

3. 差动装置的传动计算

无论哪种形式的差动装置,都可用维里斯公式计算:

$$\frac{M-n}{m-n}=i; \quad M=im+(1-i)n$$

式中:M——主轴转速(恒定速度又称首轮转速),r/min;

m——末轮转速(传向筒管的齿轮转速),r/min;

n——臂转速(由铁炮传来的变速),r/min;

i——首轮到末轮的传动比,设定首轮与末轮同向为"+",反向为"−"。

五、 变速机构

粗纱机的变速机构,一方面通过差动装置控制筒管的速度,另一方面又要控制升降速度。变速机构的外形曲线分为双曲线圆锥铁炮和直线型圆锥铁炮两种。亚麻粗纱机都采用后一种,上铁炮的速度不变,作为变速机构的主动件,下铁炮为被动件。由于皮带移动,它分别接触上、下铁炮直径比值不同的部位。因此,上铁炮的速度虽是定值,而下铁炮的转速则随皮带位置变化而异。下铁炮端装有齿轮,其把变化的速度传向差动装置传动龙筋的升降轴。

为了使下铁炮的转速符合粗纱卷绕速度和筒管升降速度,直线型圆锥上铁炮的外形曲线应为:

$$R = a - bx$$

下铁炮的外形曲线应为:

$$r = (K - a) + bx$$

式中:R——上铁炮半径,m;

r——下铁炮半径,m;

a——常数,铁炮皮带的起始位置;

b——常数,粗纱的卷绕层数;

x——铁炮皮带的位移,mm;

K——上、下铁炮半径之和,m。

六、 摆动装置

差动装置的合成速度,由其末轮通过一系列齿轮或链轮传递给位于上龙筋上、传动全部筒管的长轴。差动装置末轮轴心就是主动轴轴心,其位置固定不变,但筒管长轴要随龙筋升降而升降(摆动)。所以,这两个轴心的相对位置在运转过程中是不断变化的。为了在粗纱机运转过程中任何时候都能把差动装置的末轮转速传递给筒管长轴,它们之间的传动机构既要使长轴上下摆动又能屈伸自如。这样的机构在粗纱机上被称为摆动装置。

常用的摆动装置形式很多,但它们的作用原理相同。对摆动装置的要求是机构简单,摩擦和噪声小,以及由摆动装置引起的回转误差接近于零。因此,亚麻粗纱机上常用四齿轮式摆动装置和链轮式摆动装置。

七、 龙筋及其升降机构

装载全部筒管及其传动长轴做升降运动的粗纱机前横梁俗称龙筋,其主体是 T 字形铸铁横梁,由数节连接而成。载有筒管的龙筋升降由变速机构通过一系列齿轮传动。在这些传动轮系中,有一对交替与主动轮 A 啮合的伞齿轮 B_1 和 B_2,称为和合牙,如图 8-6 所示。当齿轮 A 由 B_1 啮合改为 B_2 啮合时,升降轴的转向亦改变。改变啮合齿的动作由成形机构龙筋每次上升或下降到端点时实现,因而龙筋能每次准时改变运动方向。

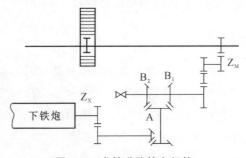

图 8-6　龙筋升降换向机构

八、卷绕成形机构

在亚麻粗纱机的卷绕过程中，当每层粗纱卷绕完毕，卷绕成形机构应完成两个动作：一是铁炮皮带在铁炮的轴向移动一定的距离，以改变变速机构的输出速度；二是立即改变龙筋的升降方向。

龙筋升降齿杆由升降齿轮传动，当上升到最高点时，定位销钉把齿杆按逆时针方向转动，这时杆也逆时针方向转，因上摇架与杆死固，所以也逆时针方向转。当上摇架上的调节螺杆下压到下摇架上时，迫使下摇架逆时针回转。由于下摇架活套在杆上，这时下摇架的下端在横动之间做逆时针方向摇动，即把横动轴向右移动，造成轴上的和合牙与之脱开，而使和合牙与下摇架咬合，达到龙筋升降运动的换向。

下摇架摇动一次，与其下端连成一体的拨杆就将直立掣子拨动一次，使棘轮与它暂时脱开，并且在重锤的作用下转过一个角度，同时铁炮皮带向右移动一定距离，完成了每卷绕完毕一层粗纱即使铁炮皮带沿铁炮轴向移动一定距离的动作。

第五节　影响粗纱的工艺因素

一、牵伸倍数

粗纱机的牵伸倍数由牵伸变换齿轮控制。当喂入条重一定时，改变牵伸变换齿数，则可改变输出粗纱条重定量，故牵伸变换牙又称轻重牙。由于在粗纱机上麻条不进行并合，所以麻条的拉细效果很明显，同时也会增加粗纱的不匀率，因此粗纱工艺要合理配置。牵伸倍数与机台的产量有关，与罗拉的输出速度无关。当改变牵伸倍数时，改变牵伸罗拉的转速，即可改变前后牵伸罗拉的速比，达到改变牵伸的目的。牵伸倍数与机台的针排打击次数成反比例关系，牵伸倍数小，机台针排打击次数多；反之，牵伸倍数大，机台针排打击次数少。亚麻纤维较长，以及分裂纤维要求粗纱机的牵伸倍数一般偏大，都对纺纱有利。

二、粗纱捻度

粗纱捻度由捻度变换牙控制。由于改变捻度可改变前牵伸罗拉和变速机构的回转速度，故捻度牙又称中心牙。改变捻度仅与前牵伸罗拉的速度有关，与锭速无关。当锭速一定时，前牵伸罗拉输入麻条速度快，捻度小，反之，前牵伸罗拉输出麻条速度慢，捻度大。粗纱捻度的计算公式：

$$T=\frac{\alpha_t}{\sqrt{Tt}} \quad 或 \quad T=\alpha_m\sqrt{N_m}$$

式中：T——捻度，捻/（10 cm）；

α_t——特克斯制捻系数；

α_m——公制捻系数（$\alpha_t = 3.14\alpha_m$）；

N_m——公制支数，公支；

Tt——线密度，tex。

粗纱加上一定量的捻度，粗纱的强力会提高。粗纱的强力一般随捻系数的增加而增加。但是，如果捻系数过大，不仅会降低粗纱的机台生产率，而且会造成产品不匀和增加断头率，进而增加细纱机的牵伸力，使皮辊打滑，造成细纱"跑条子""出镜头"等。如捻系数太小，易使粗纱产生意外牵伸，煮练工序将粗纱"煮烂"，同样会使产品不匀和增加断头率。粗纱捻系数的选择原则是，在满足粗纱卷绕张力要求的前提下，宜小不宜大，尤其是混纺产品。具体要结合纺纱原料、工艺条件、车间温湿度及煮练工艺确定。

纺长麻纱时，由于纤维较长，纤维在前纺各工序被分劈得较细，捻系数一般选择 0.19～0.23，如果纤维柔软、细长，可考虑选择 0.20～0.22。纺短麻纱时，由于纤维较短，平均长度 100 mm 左右，应选用较大的捻系数，一般为 0.29～0.31，对于偏长、较柔软的短麻纤维，可选用 0.3。

三、锭速

锭速决定粗纱机的产量。锭速的提高与粗纱机的设备状态、工人操作有关。锭翼回转的离心力与角速度的平方成正比。若锭速过高，超过锭翼的安全系数，会加快锭子齿轮的磨损，使锭子震动加剧，产生很多不利因素。

粗纱机的锭速要结合前后纺机台供应平衡和粗纱机的针排打击次数限度考虑。

四、针排打击次数

针排打击次数对锭速、牵伸倍数有直接影响。锭速与针排打击次数成正比，牵伸倍数与针排打击次数成反比。

五、筒管的卷绕密度

粗纱机上，筒管的卷绕密度分为轴向卷绕密度和径向卷绕密度。

轴向卷绕密度（圈/cm）是指粗纱机在筒管轴向排列的紧密程度，由升降机构中的升降变换牙控制。升降变换牙的作用是确保龙筋升降速度在粗纱筒管的轴向按要求的粗纱卷绕圈距依次排列。不同线密度粗纱的轴向圈距是不同的。一般采用实际生产经验数据或通过试纺逐步调整轴向卷绕密度。

$$轴向卷绕密度 = \frac{10}{H}$$

式中：H——粗纱卷绕圈距，mm。

试纺某品种时，可用经验公式和外观检查相结合的方法，选择升降变换牙数。

现场观察是在粗纱机筒管上纺小纱时，要求相邻纱圈之间留小于 0.5 mm 的间距，即用肉眼观察纺筒管第一层粗纱时隐约看到筒管表面即可,如果发现圈纱有重叠现象或纱圈距过大,调整升降变换牙数,直至达到满意为止。如图 8-7 所示。

粗纱的径向卷绕密度是目前亚麻纺粗纱半成品品质考核的重要技术指标由成形机构控制。径向卷绕密度要充分考虑粗纱煮练工艺后确定。铁炮皮带每次移动的距离决定着筒管卷绕速度。上龙筋升降速度逐层降低的数量由成形机构中成形变换牙控制。

如果成形变换牙齿数设计过大,则铁炮皮带每次位移距离大,卷绕速度和升降速度逐层降低的量也增大,粗纱卷绕张力太小,造成不正常卷绕,粗纱筒子松软,即径向卷绕密度太小,这样的粗纱煮练后"塌边",易造成煮练工序中锅与锅之间煮后粗纱"色差",影响产品质量。

如果成形变换牙齿数设计过小,则铁炮皮带每次位移距离小,粗纱卷绕张力太大,则粗纱筒子太硬,即径向卷绕密度太大,这样的粗纱在煮练工序不易"煮透",造成粗纱内外色差不一致,影响纱线品质。

在生产中,试纺某品种时,径向卷绕密度可采用经验公式结合实验室试验确定。

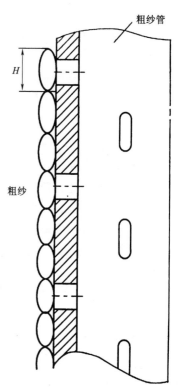

图 8-7 管纱上的粗纱情况

径向卷绕密度(圈/cm)的计算公式:

$$径向卷绕密度 = \frac{粗纱满管质量 - 粗纱空管质量}{粗纱满管高度 \times (粗纱满管直径^2 - 粗纱空管直径^2) \times \pi/4}$$

满管的粗纱径向卷绕密度,一般控制在 0.35～0.37 圈/cm。

六、 粗纱的初始卷绕速度控制

粗纱的初始卷绕速度由下铁炮变换牙(或称卷绕牙)控制。改变下铁炮变换牙数,即可改变筒管和龙筋的速度和张力,但下铁炮变换牙一般不做调整。

第六节 粗纱的张力控制及调整

一、 粗纱张力的意义和作用

高度均匀的粗纱能使细纱机纺纱时的断头率减少,并能够纺得质量较好的细纱。造成粗纱不均匀的主要因素,除牵伸机构之外,主要是粗纱张力不均匀。

1. 粗纱张力不适当会产生的问题

（1）同一台粗纱机的大、中、小纱和前、后、排粗纱的片段质量存在差异，直接影响细纱线密度的不匀率。

（2）张力不适当会使粗纱条干均匀度恶化，张力过大时易形成细节。

（3）张力不适当会增加粗纱机断头，既降低粗纱机的生产效率，又增加挡车工的劳动强度，增加回花。

2. 粗纱张力的作用

（1）纱条在加捻卷绕过程中不会扭结、折叠。

（2）可以提高麻条间纤维的轴向压力和伸直度。

（3）可使卷绕时获得必须的重度，保证卷绕质量，加大卷装容量。

（4）减少麻纱的毛羽，提高产品品质。

因此，对于粗纱工程来说，粗纱的卷绕张力具有重要意义。

二、 影响粗纱张力的因素

（1）筒管的卷绕速度与前罗拉的送出速度配合不当。当前者大于后者时，粗纱张力大，反之就小。

（2）粗纱在行经锭翼各部分时产生的摩擦。摩擦不仅使粗纱张力增加，而且使前罗拉到筒管之间的一段粗纱上各部分的张力分配不匀，一般是筒管旁的粗纱张力 T_4 为最大，锭翼下端至导纱眼的张力 T_3 次之，粗纱在锭翼空心臂内的张力 T_2 更次，而前罗拉到锭翼的锭帽之间的张力 T_1 为最小，因此断头也多在此处，即此段粗纱张力 $T_4 > T_3 > T_2 > T_1$。

（3）温湿度。较高的温湿度会使锭翼通道中的阻力增加。当张力增大时，粗纱卷绕紧，纱管直径增加得少，因此在一层卷绕时，卷绕速度减小，强力变低。反之，当张力过小时，粗纱卷绕松，纱管直径增加得多，下一层会紧些。这种粗纱张力不匀现象在生产中不易发现，但粗纱的最终均匀度会受到严重破坏。

（4）其他因素。机械状态不良、调整不准确、变换齿轮选择不当等，都会使粗纱张力产生波动。

三、 粗纱张力的调整与控制

粗纱张力是客观存在的。粗纱具有一定的张力是必要的，而且是有利的，问题是不能使张力过大或过小。为此，按形成张力的诸因素，具体控制与调整。

1. 筒管与前罗拉之间张力牵伸的控制与调整

为了满足粗纱卷绕的要求，粗纱卷绕速度应大于前罗拉输出速度，两者之间的张力牵伸应在 1.03～1.94 倍。为此，要调整好以下方面：

（1）正确调整铁炮皮带的起始位置。铁炮皮带起始位置不妥当，会影响筒管转速。转速过快，则粗纱伸长过大，易断头；转速过慢，则卷绕松弛，也易断头。

（2）正确选择高低牙。高低牙（升降变换牙）使用不当，会使卷绕密度不正常，卷绕过稀或过密。

（3）张力齿轮要正确配置。张力齿轮（即锯齿轮）配置不当，会使铁炮皮带的每次位移过大或过小，这将影响大、中、小纱的张力。

（4）不一致系数保持恒定。锭翼的速度与差动装置主轴的速度比要保持恒定。

（5）粗纱捻度要正确设计。

（6）要保持铁炮皮带一定的正常张力及固定的滑溜百分率。

（7）选定合适的锭速。因锭速提高，全机都提速，纺纱张力也提高，断头率会增加。

2. 麻条与锭翼之间摩擦的控制与调整

（1）为了增加前罗拉到锭翼之间麻条的张力，一般采用的方法是减少麻条与锭帽顶端的接触，或者使锭帽顶端成为一只假捻器。

（2）对于前、后排粗纱不匀的情况，采取的措施是前排粗纱的锭翼锭帽顶端全刻槽，或戴上假捻器，也可使前排粗纱穿过锭帽侧孔时绕 $\frac{1}{4}$ 圈，而后排粗纱穿过锭帽侧孔时绕 $\frac{3}{4}$ 圈。

（3）保持锭翼光滑清洁，使粗纱行进时受到的摩擦阻力小。

3. 保持车间的温湿度和良好的机械状态

（1）粗纱机的车间温湿度控制。冬天温度为 $20 \sim 22\ ℃$，相对湿度为 $60\% \sim 70\%$；夏天温度不高于 $31\ ℃$，相对湿度为 $55\% \sim 60\%$。

（2）保持机械状态良好，减少震动和摩擦。机械状态良好，能减少机械震动与摩擦，因此对摇头锭子、纱管跳动等情况，应及时处理。

第九章 亚麻粗纱煮练与漂白

第一节 亚麻粗纱煮漂的意义与目的

亚麻纺纱工程中的粗纱煮练、漂白和染色是 1964 年出现的工艺。我国亚麻纺织厂于 1976 年正式将粗纱煮练列为新工艺;1981 年左右,我国各地方新建了很多亚麻纺织厂,基本都采用粗纱煮练和漂白工艺。随着亚麻纺织技术的发展,现在在粗纱煮练、漂白技术的基础上,采用粗纱染色工艺,使亚麻纤维粗纱呈现各种色彩,然后纺成各种带色的细纱,便于细纱以后的化学处理。

一、亚麻粗纱煮漂的意义

1. 缩短纺纱工艺路线

传统的纺纱工艺,由粗纱到络纱要经过 18 道工序,即粗纱→细纱→摇纱→挂纱→常压煮练→热水洗→冷水洗→漂白→水洗→酸洗→水洗→去氯→水洗→脱水→开纱→干燥→成捆→络纱。

采用粗纱煮漂工艺后,由粗纱到络纱只要经过 7～10 道工序,即粗纱→装纱→高温高压煮练→热水洗→(漂白)→冷水洗→湿纺细纱→干燥→络纱。

漂白粗纱时,因使用的漂白剂不同,采用的工艺可做某些变化。

由于纺纱工艺路线缩短和厂房面积缩小,所需的设备台数也相应减少。

2. 提高用料

采用煮练和漂白工艺后,亚麻纺纱厂的用料系数约提高 5%～8%。

3. 提高细纱及其后各机的效率

采用经过煮练或漂白的粗纱纺制细纱,能降低各机断头率 30% 左右,使络纱机效率提高 30% 以上,织布机的台时产量提高 20% 以上。

二、亚麻粗纱煮漂的目的

1. 改善车间的劳动环境

采用粗纱煮练、漂白工艺,能有效地降低细纱机水槽的水温(一般为 20～30 ℃),从而降低车间内的相对湿度,改善了劳动环境。

2. 降低细纱机断头,提高机器生产率

经过煮练的粗纱,纱线结构均匀度提高,可降低细纱机断头,为细纱机提速提供了有利

条件。

3. 提高细纱强度和降低细纱强度不匀率

经过煮漂的粗纱,其纤维线密度减小,使细纱截面中的纤维根数增加,不仅有利于条干改善,而且提高了纤维的强力利用系数,使细纱的强度提高和强度不匀率下降。

4. 提高纤维的纺纱性能

由于粗纱煮漂后纤维的线密度减小,其可纺性提高。

5. 提高细纱管的纱线卷绕密度

提高卷绕密度,使细纱满管纱的含水率大大降低,提高了干燥机的工作效率,节约了能源。

第二节　亚麻粗纱煮漂设备

粗纱煮漂设备通常以筒纱染色设备代替,把安装筒纱的纱架改装成能安装粗纱的纱架。煮漂过程中要使粗纱充分、均匀地与反应溶液接触,使纤维充分反应。

一、粗纱煮漂设备的主要构造

煮漂设备有高温高压和常压两种,以高温高压的为好。锅盖应与锅密封。即使在常温常压设备上,也要密封,避免以亚氯酸钠漂白时有害气体逸入车间。密封盖后,由专用排气管道排出,防止温度失控,以免锅内溶液沸腾而逸出锅外,造成人身伤害。一般煮漂设备的主要构造如下:

1. 循环泵

循环泵有轴流泵、离心泵等类型,对其的要求是,扬程 $20 \sim 30$ m,流量要大,每千克粗纱每小时流过溶液 $1.0 \sim 1.5$ m^3。对溶液循环方向的要求是,用于细纱以双向循环为好,用于粗纱可从中间向外流。

2. 煮锅

从生产角度来讲,煮锅容量大比较方便,可以减少煮漂次数,但对小批量生产和低线密度纱生产不利。通常,一个煮锅的加工量可供一台或两台细纱机。

3. 纱架

纱架设计应使粗纱排满,少留空隙,纱叠层不超过 5 个,装入过多会使落纱不便。

4. 加热装置

采用蛇管间接加热,升温速度为 $4 \sim 5$ ℃/min。如果通入冷水,可作为降温装置使用。

5. 粗纱管

粗纱管现多用塑料管,管芯上有辐射形的孔,使溶液自中心向纱层穿过。管上部有凸出的缘,下部有与凸出缘相嵌的凹槽。纱管装在纱架上,正好两个上下管相嵌。

管的两端有两个法兰。法兰上有加强筋,用以加强。法兰上可以开几个小孔,使溶液不会积在法兰上。

6. 安全装置

机台上装有限温、限压力的安全防护装置。

7. 自动控制系统

在生产中,运行参数的控制多数采用计算机,使操作自动化。

二、 粗纱煮漂设备的工作过程

1. 粗纱煮练的工作过程

当煮锅内的溶液温度达到 70 ℃时,将装好粗纱管的粗纱架放入煮锅的正中,然后封闭煮锅的锅盖,保证煮锅不漏汽,且安全可靠。

开始升温,当煮练温度达到 110 ℃或煮练压力为 196 kPa 时,开启主体电机,让锅内溶液开始循环,在时间继电器的自动控制下,实现溶液定时的正反循环。经过若干次的正反循环并达到总的煮练时间(如 1.5~2 h)后,开始减压。当达到常压时,先把溶液从锅内排出或回收,然后注入 60 ℃左右的热水洗一次或两次,每次 15 min,洗毕排出废热水,改用冷水洗,时间 10~15 min。冷水洗毕,才可打开锅盖,用起重设备从煮锅中吊起粗纱架,将另一只装满未煮粗纱的粗纱架吊入煮锅内,开始下一锅的煮练。

2. 粗纱漂白的工作过程

粗纱漂白必须在粗纱煮练的基础上进行,但煮练的浓度与时间等参数,可不同于单纯的粗纱煮练。因此,粗纱漂白必须先按工艺要求进行煮练,减去锅中压力,在完成一次热水洗后,即换上漂白溶液,按工艺处理完毕,根据所用的漂白剂(如漂白粉、亚氯酸钠、双氧水等)决定不同的后处理工艺。

第三节 亚麻粗纱煮漂工艺的选取与制订

一、 粗纱煮漂工艺的选取

粗纱煮漂采用的工艺路线、工艺参数,不是一成不变的,应视具体要求调节。

1. 根据成品的要求

如果成品要求原色,当然只能用煮练,有的成品甚至要求不经煮练的原色(因煮练后颜色会变浅),此时多采用传统工艺。

2. 根据细纱机牵伸机构的要求

皮圈牵伸用的粗纱比罗拉牵伸可漂得重一些;罗拉牵伸中,有胸板的可以漂得重一些;罗拉隔距小的可漂得重一些等。

3. 根据织造工序的要求

如针织用纱要求煮漂重一些,不用浆纱的可轻一点等。

4. 根据原料的质量条件

粗硬纤维与细软纤维的煮漂工艺和程度不应相同。

5. 根据经济效益

考虑经济效益时,工艺过程的长度、材料的消耗、质量损失等,应综合考虑。

二、 工艺流程与工艺参数的制订原则

煮漂工艺过程视纱的白度确定,具体工艺参数以纤维不受化学损失为准。例如,亚麻打成麻的纤维铜铵溶液的比黏度约为 2.5~3.0,而漂白成品的比黏度低的仅为 0.5~0.6,高的为 1.0 左右,最高的约为 1.3~1.4,与未漂白的相距甚远。因此,在煮漂中应尽量保护亚麻中的纤维素不受损伤(包括潜在损伤),另外,还要求工艺流程短、节约化工原料和减少能耗。

工艺流程与工艺参数的制订原则:适当去除粘连单纤维的杂质,以利于牵伸,力求纤维获得色泽(包括白度)和毛细管效应,减少纤维束和纤维素的损伤。亚麻打成麻纤维素含量约为 75%,含杂率仅 25% 左右。若质量损失率超过含杂率,说明有部分纤维损失了,也说明工艺中有破坏纤维素的因素,使纤维素的聚合度下降,部分纤维素已降解到聚合度在 200 以下,被溶解掉了。因此,亚麻煮练、漂白工艺在制订时应力求减少纤维的质量损失。

第四节 亚麻粗纱煮漂工艺

按亚麻纺纱工艺,在粗纱纺出之后,需要进行煮练和漂白,然后细纱工序采用湿纺工艺。粗纱煮漂工艺流程为粗纱→煮漂→细纱(湿纺)→干燥→络纱。

一、 粗纱煮练工艺

粗纱煮练工艺流程一般为粗纱→煮练→热水洗→冷水洗,有时也采用粗纱→煮练→热水洗→酸洗→冷水洗。

1. 煮练工艺条件

(1)煮练。粗纱于 70 ℃入锅,30 min 升温至 105~110 ℃(约 1.5~2 个大气压),煮练时间为 1.5~2 h。

(2)热水洗。水温 60 ℃,先后洗两次,每次 10~15 min。为了洗得干净,第一次可加入浓度为 0.5~0.6 g/L 的渗透剂(如三聚磷酸钠等)。

(3)酸洗。采用硫酸或醋酸,目的是中和剩余的碱和减少残胶,这可降低细纱机断头率及络纱时的灰尘。酸洗温度为常温,酸洗液浓度为 0.8 g/L 左右,酸洗时间为 10~15 min。

(4)冷水洗。时间为 10~15 min,根据实际情况也可洗两次。

2. 煮练液的配方

烧碱($NaOH$)	180 kg
纯碱(Na_2CO_3)	10 kg
烷基磺酸钠	5 kg
硅酸钠(Na_2SiO_3)	20 kg

水	适量
合成溶液	5 600 L

3. 碱液浓度

(1) 轻煮工艺。这是指粗纱煮练后质量损失在 11％以下的工艺,采用的碱液浓度为 2 g/L,温度为 100～105 ℃,时间为 1.5 h。

(2) 强煮工艺。这是指粗纱煮练后质量损失在 15％以上的工艺,采用的碱液浓度为 3.5 g/L,温度为 100～105 ℃,时间为 1.5～2 h。

二、 粗纱漂白工艺

粗纱漂白工艺流程为预处理→酸洗→冷水洗→漂白→热水洗→冷水洗。

1. 漂白工艺条件

(1) 预处理。这里的预处理指粗纱的煮练,碱煮后经两次热水洗,就认为粗纱漂白的预处理工艺结束。

(2) 酸洗。采用 1.4～1.7 g/L 的硫酸,除了中和剩碱和减少残胶,还可去除铜及铁等离子,有利于提高漂白效果。酸洗温度是常温,酸洗时间为 10～15 min。

(3) 冷水洗。这里的冷水洗以洗净为准。

(4) 漂白。用双氧水(H_2O_2)做漂白剂的工艺称为氧漂工艺,采用漂白粉做漂白剂的工艺称为氯漂工艺,采用亚氯酸钠($NaClO_2$)做漂白剂的工艺称为亚漂工艺。先采用氯漂再进行氧漂的二次漂白,称为氯氧漂工艺;先采用亚漂再进行氧漂的二次漂白,称为亚氧漂工艺。

(5) 热水洗、冷水洗。经过漂白的粗纱,要先进行一次 50～60 ℃的热水洗,时间为 10～15 min,然后再进行一次 10～15 min 的冷水洗。

2. 粗纱的氧漂工艺

H_2O_2 浓度为 1.5 g/L;碱液的总浓度为 3 g/L,其配方是烧碱(NaOH)：纯碱(Na_2CO_3)：硅酸钠(Na_2SiO_3)＝1：2：1;pH＝10～11;漂白温度为 95～98 ℃,当达到该温度时,保温 30 min。经过煮练、氧漂的粗纱质量损失率与强煮工艺相近。

3. 粗纱的亚漂工艺

主要采用亚氯酸钠($NaClO_2$)进行漂白处理,其浓度是 1.3～1.7 g/L,硫酸浓度是 1.0～1.4 g/L,渗透剂(如三聚磷酸钠等)的浓度是 0.5～1.5 g/L,漂白温度为 45 ℃,时间为 30 min。

漂液配方:

亚氯酸钠($NaClO_2$)	2 kg
硝酸钠($NaNO_3$)	2 kg
硫酸(H_2SO_4)	400 mL
双氧水(H_2O_2)(35％)	350 mL
水	适量
合成	1 600 L

采用亚漂工艺，对设备要求较高，需用含钼、钛等元素的不锈钢制成，且需在漂白液中加入抑制剂——硝酸钠（$NaNO_3$）。

煮练、亚漂后的粗纱质量损失率比强煮工艺多 2% 左右。

4. 粗纱的亚氧漂工艺

即经过煮练的亚麻粗纱先进行亚漂后进行氧漂的工艺。其工艺流程为酸洗→亚漂→中和去氯→氧漂→水洗，或者先经氧漂后经亚漂。

（1）酸洗。硫酸浓度为 $1.5 \sim 1.7$ g/L，渗透剂（如三聚磷酸钠等）浓度为 $0.4 \sim 0.5$ g/L，酸洗温度为常温，时间为 10 min。酸洗后可不必经水洗而直接进行亚漂。

（2）亚漂。亚氯酸钠浓度为 2.2 g/L，硝酸钠浓度为 3 g/L，醋酸浓度为 $2.5 \sim 2.7$ g/L，温度为 45 ℃，时间为 30 min。

（3）中和去氯。采用 NaOH 中和，直至 NaOH 的剩余浓度为 $0.1 \sim 0.2$ g/L 时，再用亚硫酸钠（$NaSO_3$）去氯，直至没有有效氯存在为止。

（4）氧漂。硫酸镁浓度为 $0.1 \sim 0.2$ g/L，三聚磷酸钠浓度为 $0.4 \sim 0.5$ g/L，NaOH 浓度为 $1.8 \sim 2.0$ g/L，Na_2CO_3 浓度为 $22 \sim 23$ g/L，Na_2SiO_3 浓度为 $14 \sim 15$ g/L，H_2O_2 浓度为 $1.0 \sim 1.1$ g/L，使溶液总碱度为 $12 \sim 13$ g/L。升温时间 30 min，达 $95 \sim 98$ ℃时，保温 60 min。

（5）水洗。热水和冷水各洗一次，每次 $10 \sim 15$ min。

5. 粗纱的氧亚漂工艺

即经过煮练的亚麻粗纱先进行氧漂，后进行亚漂的工艺。其工艺流程为碱预处理→氧漂→亚漂→中和去氯→水洗→酸洗→水洗。

（1）碱预处理。Na_2CO_3 浓度为 $2.8 \sim 3.0$ g/L，渗透剂（如三聚磷酸钠等）浓度为 $0.4 \sim 0.5$ g/L，温度为 $80 \sim 85$ ℃，时间为 20 min。

（2）氧漂。同亚氧漂工艺，只是将烧碱浓度提高至 $3 \sim 3.5$ g/L，而将碳酸钠浓度降低至 15 g/L 左右，使溶液总碱度仍保持在 $12 \sim 13$ g/L。

（3）亚漂。亚氯酸钠浓度为 3.2 g/L，硝酸钠浓度为 3.5 g/L，硫酸浓度为 $0.7 \sim 0.8$ g/L，醋酸加至溶液总酸度为 4 g/L。

其他工序同亚氧漂工艺。

第十章 细 纱

细纱工程是亚麻纺纱的最后一道工序。它将粗纱或麻条纺成具有一定细度、强度、捻度、密度和外观品质合格且符合国家质量标准要求的细纱,供捻线、织造等使用。为此,细纱工程的主要任务包括:

第一,牵伸。将喂入的粗纱或麻条均匀地抽长拉细到成纱所要求的细度。

第二,加捻。将经过牵伸的纱条加上适当的捻回,使成纱具有一定的强度、弹性和光泽等。

第三,卷绕成形。将纺成的细纱,按一定的成形要求,连续不断地卷绕在筒管上,便于运输、贮存和后加工。

第一节 细纱机的类型

一、按纺纱形式分类

按纺纱形式可分为干纺式细纱机和湿纺式细纱机。干纺式细纱机与湿纺式细纱机的区别是后者上装有浸泡粗纱条的浸纱水槽。干纺式细纱机可加工包括亚麻纤维在内的各种韧皮纤维,湿纺式细纱机目前主要用于加工亚麻纤维。

湿纺的特点是粗纱在进入牵伸机构前,进入水槽。水槽中的水根据工艺要求,可以是热水、冷水或加有化学助剂的水。粗纱中,工艺纤维在水和化学助剂的作用下,其中的果胶等物质软化而膨胀,使纤维间的结合力大大减弱。进入牵伸机构的喂麻罗拉后,即被罗拉钳口握持。由于牵伸隔距设计得比粗纱中大多数工艺纤维的长度小,所以当纤维前端进入牵伸罗拉钳口被握持时,因牵伸罗拉表面速度大于喂入罗拉表面速度,工艺纤维获得很大张力。当张力大于纤维的结合力时,工艺纤维就发生分裂,使大束的工艺纤维分裂成小束的工艺纤维,纤维细长而柔软,可纺性提高。因此,湿纺细纱具有纱条表面光洁、毛羽少、条干均匀、强度大、光泽好、线密度小等特点,这是干纺细纱无法相比的。

二、按卷绕与加捻形式分类

按卷绕与加捻形式可分为环锭式细纱机和翼锭式细纱机。环锭式细纱机上,钢领和尼龙钩、锭子等组成卷绕与加捻机构。镶在钢领上的尼龙钩绕锭子高速回转,将输出的纱线加捻并卷绕在细纱管上。湿纺细纱机为环锭式。

翼锭式细纱机的卷绕与加捻机构类似粗纱机的卷绕与加捻机构。置放在锭子顶端的锭翼回转时,将纺出的纱线进行加捻和卷绕。翼锭式细纱机主要用于干纺。

另外,亚麻纺细纱机还有离心式、气流纺式、尘笼纺式等,但国内亚麻纺织业尚未大规模使用。

三、 按牵伸机构分类

目前,国内普遍采用的湿纺细纱机是苏联生产的 л5 型和 л8 型两种。л5 型细纱机的牵伸机构为两罗拉加单皮圈和双轻质辊式,可纺中低特(中高支)亚麻纱。л8 型细纱机的牵伸机构为两罗拉加胸板式,可纺中高特(中低支)亚麻纱。

四、 按单机台加工产品形式分类

按单机台加工产品形式可分为单台车加工一个品种和单台车加工两个品种。单台车加工一个品种是指一台细纱机仅有一套卷绕与加捻机构,一次仅能生产一个品种。л5 型和 л8 型均属这类细纱机。单台车加工两个品种是指一台细纱机有两套卷绕与加捻机构,能同时生产两个品种。引进的罗马尼亚产的 75FIU 型细纱机即属此类。

第二节 细纱机的工艺过程

一、 湿纺环锭细纱机

我国最早使用且目前仍在普遍采用的是苏联生产的 л5 型(图 10-1)和 л8 型湿纺环锭细纱机,其技术参数见表 10-1。

表 10-1 湿纺细纱机的技术参数

技术参数	л5 型	л8 型
锭数	256	256,240,192,64
锭距(mm)	88	88
卷绕形式	锥形无束缚层	锥形无束缚层
卷绕高度(mm)	210	210
锭速(r/min)	5 000~8 000	5 000~8 000
线密度(tex)	31.25~69	26.67~69
公制支数(公支)	14.5~32	14.5~37.5
牵伸倍数	12~31.4	10~30
捻度[捻/(10 cm)]	35~80	35~80
牵伸罗拉直径(mm)	50	50

（续表）

技术参数	Л5 型	Л8 型
牵伸区隔距（mm）	45.4	45.4
牵伸罗拉对喂入罗拉线速度之比（％）	168	85～160
牵伸罗拉加压方式	气动加压	气动加压
牵伸机构形式	单区、单皮圈、双轻质辊	单区、胸板

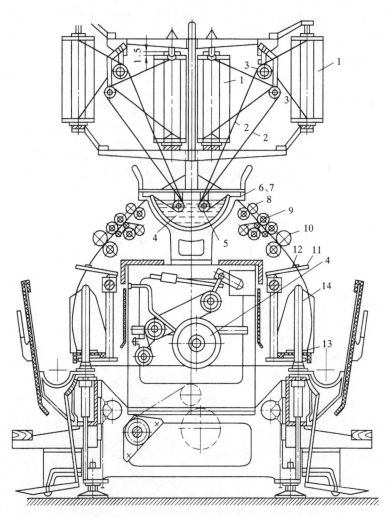

图 10-1　Л5 型湿纺环锭细纱机的结构示意

该类细纱机的工艺过程：粗纱管 1 插在或挂在粗纱架上。粗纱管上的亚麻须条 2 经导纱杆 3 穿过磁管，进入水槽 4 中。在水槽里浸透后的粗纱通过浸纱水槽导纱辊 5 引出水槽，经喂入引导器 6，通过横动装置 7，进入牵伸机构。该机的牵伸机构由喂入罗拉 8 引导喂入，经单皮圈加双轻质辊（Л8 型为胸板）9 托持，到达牵伸罗拉 10，由于牵伸罗拉的表面速度比喂入罗拉快得多，所以粗纱条受到牵伸作用，纤维得到进一步分劈，纱条被抽长拉细到一定的细度。由牵伸罗拉输出的纱条受到加捻作用,从而具有一定的强力而形成细纱。此时,细纱通过叶子板 11 上的导纱钩 12,穿过骑在钢领上的钢丝圈(或尼龙钩)13,被卷绕到插在锭子 14 的纱管上。

加捻作用发生在牵伸罗拉的输出处与钢丝圈(或尼龙钩)之间。此时,牵伸罗拉握持着不断输出的纱条一端,另一端则由钢丝圈以锭子的高速沿着钢领轨道运动,回转一圈,纱条得到一个捻回。为了使单个锭子停转,在每个锭子旁边装有人工操纵的锭子停转装置。

在加捻过程中,细纱是经钢丝圈引导到随锭子一起旋转的筒管上的。钢丝圈骑在钢领上,钢领则固装在钢领板上。钢领板做周期性的上下运动,从而使细纱沿着筒管高度方向均匀有序地卷绕在筒管上。

二、 干纺环锭细纱机

该机除无给湿水槽外,其余部分大体与湿纺环锭细纱机相同。它的牵伸装置中的附加摩擦下由双皮圈握持,以更好地控制浮游纤维。因此,纺纱条干均匀,牵伸倍数亦可提高。如国产 F561 型干纺细纱机即属此类。

三、 干纺吊锭细纱机

图 10-2 所示是我国亚麻纺纱厂较早普遍使用的 IIP-90-JI 和 IIP-108-JI 型干纺吊锭细纱机。其工艺过程:粗纱管 1 插在斜装于粗纱架的钢芯上。粗纱从管上退下,穿过横动导纱杆 2 的孔眼,引入表面有沟槽的喂入罗拉 3、4,通过中间导杆 7 和 8,滑过胸板 9,经集麻器 10,进入牵伸罗拉 5、6。这两个牵伸罗拉的表面都是光滑的,上罗拉为金属表面,下罗拉是表面包有橡胶或牛皮的皮辊。压力加在皮辊上,使牵伸罗拉具有足够的握持力。牵伸罗拉的表面速度高于喂入罗拉的表面速度,使纱条受到牵伸作用而变细。

在干纺吊锭细纱机上的牵伸区中,只发生工艺纤维间的相互位移,而不像湿纺机那样发生工艺纤维的分劈。因此,牵伸隔距比湿纺机大,在两对罗拉之间,有导杆 7、8,胸板 9 及集麻器 10,目的是增加中间摩擦力界,有利于对浮游纤维的控制。变细后的纱条由牵伸罗拉输出,导入吊锭 11 上端锭带盘的管孔,绕过锭臂,并通过锭臂下端的孔眼,导向纱管 12 而得到加捻和卷绕。

该机上,吊锭的回转由白铁滚筒 13 通过锭带传动,转速可达 45 000 r/min。纱管由细纱张力拖动,其转速比吊锭慢,两者的转速差形成卷绕速度。

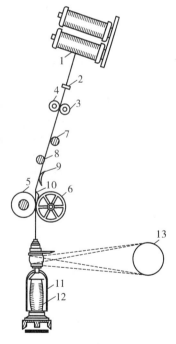

图 10-2　干纺吊锭细纱机的工艺过程示意

该机有两个结构相同的操作面,分别由两台电机单独传动。根据需要,每面可独立进行纺纱。该机还装有自动落纱机构,它可使落纱时间大为缩短,机台的有效时间系数增大。

第三节　细纱机的主要机构及其作用

一、喂入机构

亚麻细纱机喂入的半制品,可以是粗纱,也可以是麻条。目前,我国亚麻纺纱厂大部分采用粗纱喂入。为保证粗纱的喂入,细纱机的喂入机构应包括以下机件:

1. 纱架与纱管支持器

常见的纱架与纱管支持器有插入式、直立式、悬挂式和托锭式四种。

(1)插入式。这是亚麻干纺细纱机采用的形式,如图 10-3 所示。该纱架用螺钉固装在机架上,且成一定的倾斜角度。纱架上装有锭杆,粗纱插在其上,当引纱退绕时,纱管在粗纱的拖动下,可以自由回转。但是,由于粗纱管底部与纱架接触产生摩擦,粗纱管孔与锭杆的接触也产生摩擦,退绕张力达到很大。因此,这种喂入形式只能适用于绝对强度较高的高特(低支)粗纱。

(2)直立式。这是亚麻湿纺细纱机上采用的形式,如图 10-4 所示。该纱架由机面上安装的撑脚支持,粗纱在其上面分布成两层。粗纱管装在木锭上,木锭的下端镶有坚硬的木料并做成尖形,支持在瓷碗内,其上端穿在纱架的孔眼中。当粗纱退绕而拖动粗纱管回转时,木锭随粗纱管一起回转。由于木锭下端与光滑的瓷碗之间的摩擦阻力很小,其适用性较广。

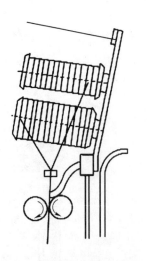　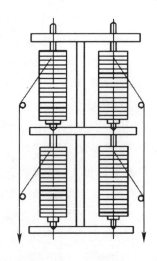

图 10-3　插入式纱架示意　　　图 10-4　直立式纱架示意

(3)悬挂式。经过煮练、漂白的粗纱喂入细纱机,多采用这种形式,如图 10-5 所示,粗纱经过煮练与漂白,质量增加很多,退绕回转阻力增大。采用将粗纱管悬挂起来的粗纱管支持器,可使粗纱管绕轴心自由回转,退绕张力较小。但当有边粗纱管上所剩粗纱很少时,再引出粗纱会使粗纱管发生歪斜,造成粗纱与管边紧靠而产生摩擦,退绕张力增大,易引起断头。

（4）托锭式。IIM-88-JI5 细纱机采用这种形式，如图 10-6 所示。多孔粗纱管放置在能够绕轴心自由回转的蘑菇状托盘上，粗纱管上端顶在能绕吊杆自由回转的半圆球面上，粗纱退绕阻力很小。因此，托锭式是湿纺细纱机较理想的喂入机构。

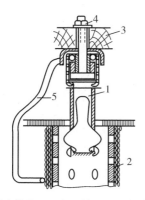

1—粗纱管支持器 2—粗纱管 3—纱架横梁（顶板）
4—固定螺栓与螺母 5—粗纱管挡杆

图 10-5 悬挂式纱架示意

1—托架壳 2—托架板 3—销子 4—支撑器

图 10-6 托锭式纱架示意

2. 导纱杆或导纱轮

导纱杆或导纱轮的作用是引导粗纱管上退绕下来的粗纱喂入罗拉，进入牵伸区。导纱杆是一根表面光滑的铜杆或玻璃杆，导纱轮则是绕水平轴可自由回转的轮子。导纱杆或导纱轮由粗纱架上的支架支持，为使粗纱退绕张力均匀、合适，其安装位置应相当于粗纱管高度的 1/3。

3. 导纱器及横动装置

细纱机上的粗纱在进入牵伸装置前，要先通过装在钢条上的导纱器，即喂入喇叭口。为使细纱机上的罗拉或皮辊的磨损较均匀，增加其使用寿命，不让粗纱在某一固定位置通过，必须采用横动装置。

（1）后罗拉横动装置（图 10-7）。该横动装置在后罗拉的头端。涡杆回转时，通过涡轮 1 传动偏心盘 2。偏心盘上活套着与装载所有导纱器的钢条 4 连成一体的叉状扁铁 3，当偏心盘回转时，所有导纱器跟随着扁铁和钢条一起做左右运动，从而所有穿入导纱器的粗纱也做左右移动，使粗纱不固定于罗拉某一位置喂入，延长罗拉使用寿命。

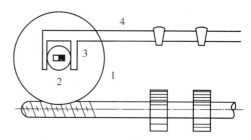

图 10-7 后罗拉横动装置示意

（2）前罗拉横动装置。该装置用以避免纱对前罗拉的磨损。目前，国内的亚麻干纺吊锭细纱机采用了这种装置。

在前罗拉横动装置上，往复杆与一个专门的机构相连，它始终做左右往复移动，其上连接一个撑头。撑头因为尾端质量较大，尖端能始终与锯齿轮接触。当往复杆向右运动时，锯齿轮就被撑头驱动回转。制动撑头的作用是防止锯齿轮倒转。锯齿轮上连接一根涡杆，它与涡轮咬合。当锯齿轮转动时,涡轮也跟着回转。涡轮的轴上装有一个偏心销,它伸入摇摆杆的长槽中。摇摆杆的上端与固定的托架相连。这样,当涡轮回转时,由于偏心销的作用,摇摆杆的下端发生左右摆动,通过圆销及固定在前罗拉轴端的套圈,促使前罗拉做左右往复移动,达到前罗拉磨损均匀的目的。

4. 断头自停喂给机构

IIM-88-JI5 及 FIU-75 型亚麻湿纺细纱机上都装有杠杆摆动式断头自停喂给机构。图 10-8 所示就是 IIM-88-JI5 机型上的断头自停喂给机构。

探杆 7 上有小重锤 6 和掣子 5,全挂在喂入罗拉架的小轴上,探杆能以小轴为轴心摆动,探杆的上部连杆 2 嵌装在上喂入罗拉轴下。正常纺纱时,因纱有张力,探杆与细纱接触,只发生微小的摆动。当细纱发生断头时,探杆端前在小重锤的力偶作用下做顺时针方向转动,使掣子 5 的左端上翘,卡住上喂入罗拉的活套 3 而使其停转,并借助弹簧 1 的作用,凸头 4 使粗纱停止喂给。

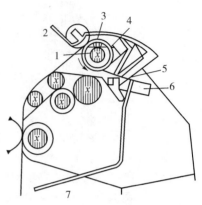

图 10-8 断头自停喂给机构示意

二、 牵伸机构

1. 细纱机牵伸机构的种类

亚麻细纱机的牵伸机构一般有以下几种:

(1) 使用胸板或挡杆的两罗拉牵伸机构。亚麻纺纱厂中较广泛使用的 IIP-108-JI 型干纺吊锭细纱机和 IIM-88-JI8 型湿纺细纱机的牵伸机构分别如图 10-9 和图 10-10 所示。

图 10-9 胸板式两罗拉牵伸机构示意

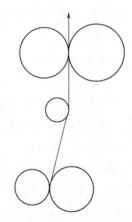

图 10-10 挡杆式两罗拉牵伸机构示意

这种牵伸装置中,在两对罗拉构成的牵伸区的中间安装一块弧形板(胸板)或一根挡杆,其位置应突出于两对罗拉的钳口连线,使牵伸区内的纱条被紧紧地压在弧形板或挡杆表面,形成一定的摩擦力界,以便更好地控制纤维运动。

在干纺吊锭细纱机上设置胸板,其目的是阻止粗纱捻度向前转移,所以胸板的位置不能离前罗拉太近。为了补充胸板至前罗拉间对纤维运动的控制,一般在前罗拉钳口处加装一只集麻器,以进一步改善牵伸作用。

在牵伸隔距更大的细纱机上,还可在前后罗拉之间同时安装挡杆和胸板,如图10-11所示。这种牵伸装置的最大优点是结构简单、维修方便,对纤维长度和细度有更大的适应范围,缺点是细纱条干较差。IIP-90-JI型亚麻干纺吊锭细纱机就采用这种牵伸装置。

(2)双皮圈三罗拉式牵伸机构。FIU-75型湿纺环锭细纱机和F-561型干纺环锭细纱机采用这种牵伸装置。如图10-12所示,湿纺的喂入品为粗纱,干纺的喂入品为麻条。

该牵伸机构装有三对罗拉,中间的一对罗拉套有皮圈,中下罗拉表面刻有菱花,下皮圈的后端套在其上,下皮圈的前端套在可调节张力的张力轮上,下罗拉转动时,皮圈也跟着转动。F-561细纱机上的下罗拉表面包有橡胶,由于皮圈张力辊的作用,下皮圈的表面在下罗拉上形成半圆形的包圈弧,下罗拉转动时,靠摩擦作用带动下皮圈转动。中上罗拉销套有上皮圈,装在单独的皮圈架上,当皮圈架放下时,它和下皮圈接触,使上皮圈随着下皮圈转动。被牵伸的粗纱在两个皮圈之间通过:进口处,两个皮圈组成对纱条的控制点,阻止粗纱后方的捻回向前方转移;出口处,由于上皮圈通过皮圈销发生弯曲而产生对纱条的弹性压力,加强了对纤维的控制作用。皮圈的中部由于两个皮圈的张力对纤维也产生了一定的控制作用,因而在牵伸区内形成中间附加摩擦力界。该牵伸机构从纵向和横向都能较好地控制纤维,大大地减少了浮游纤维的不规则运动;皮圈较长,变速点靠近前罗拉,更适用于纤维长度整齐度差的工艺纤维,从而能够适用较大的牵伸倍数。其缺点是机构较复杂,管理要求高,日常维修费用高。

(3)单皮圈牵伸机构。IIM-88-JI5型湿纺细纱机采用这种牵伸装置。如图10-13所示,在喂入罗拉和牵伸罗拉之间设置一个中间罗拉,其表面包覆橡胶,靠摩擦带动单皮圈转动,单皮圈之上装有两个轻质辊,从而构成中间附加摩擦力界。

这种牵伸装置一方面利用皮圈控制纤维均匀、柔和及控制面较广的特点,另一方面利用轻质辊本身具有的优点,当喂入粗纱的粗细不匀时,轻质辊靠自身质量上升或下降,因而这种牵伸机构对纤维有较大的适应性,其牵伸倍数也较高。

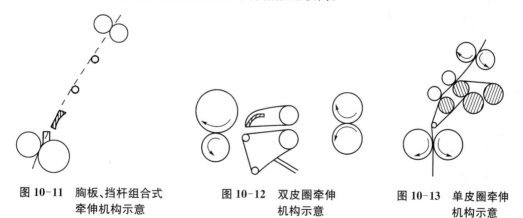

図 10-11　胸板、挡杆组合式　　　　図 10-12　双皮圈牵伸　　　　図 10-13　单皮圈牵伸
　　　　　牵伸机构示意　　　　　　　　　　　机构示意　　　　　　　　　　　机构示意

2.细纱机牵伸装置的主要元件

(1)罗拉。金属罗拉贯穿着全机,是牵伸装置的主要元件。为制造方便,罗拉分成若干

节,采用螺纹接合方法连接成整体,只有传动皮圈的下罗拉才采用凹凸型插口接头。

为了增强对纤维的握持,罗拉表面铣有沟槽,或在罗拉轴上安装带沟槽的罗拉盘。罗拉的设计要求具有不等距的沟槽齿形和符合规定的表面光洁度及制造精度,以保证既能充分握持纤维,又不损伤纤维,也不会使罗拉沟槽引起的皮辊表面凹痕加深,以保护皮辊;保证零件的互换性,减少机械因素对牵伸不匀的影响;具有足够的抗扭、抗弯刚度,以保证工作正常。湿纺用罗拉还要具有耐水浸的性能。滚花罗拉的菱形齿顶不能过尖,以避免损伤皮圈。

(2)皮辊。皮辊指牵伸装置中的加压罗拉,其表面有弹性包覆物。目前,国内亚麻湿纺机上所用的弹性包覆物有丁腈橡胶或尼龙塑料。在干纺机上,弹性包覆物为软木、牛皮或丁腈橡胶。皮辊在外加压力的作用下,与金属罗拉组成强有力的钳口,实现对纤维的握持与控制。皮辊的设计要求包覆物坚硬、富有弹性、耐磨、耐油、耐水浸且耐老化,不黏附纤维,圆正度要高,结构均匀,防止变形偏心。

(3)皮圈。皮圈一般是由丁腈橡胶和帘子线胶合而成。皮圈的设计要求内径长度和厚度尺寸准确,厚度均匀无接缝,表面具有良好的耐磨性和适当的摩擦因数,以及适当的硬度和弹性;伸长率要低,要具有耐油、耐污染、耐水浸、耐老化和不黏附纤维等特点。

(4)加压机构。在亚麻细纱机上,常采用以下加压方式:

① 杠杆加压。该加压机构主要由重锤和杠杆组成,结构简单,维护调整方便,缺点是加压时有时波动,目前在亚麻纺纱厂内使用的干纺和湿纺细纱机上采用。

② 摇架加压。这种加压机构主要由四连杆和压缩弹簧组成,结构复杂,维护调整较繁,加压量正确,操作方便,目前在FIU-75型亚麻湿纺细纱机上采用。

③ 弹簧加压。此种加压方式主要依靠弹簧的变形量获得压力,目前在IIM-88-JI5型亚麻湿纺细纱机的后罗拉钳口上采用。

④ 空气加压。此种加压方式利用压缩空气的压力调节罗拉加压,是目前细纱机上采用的一种先进加压方式。它的优点是加压、卸压方便,压力均匀。IIM-88-JI5型湿纺细纱机的牵伸罗拉钳口就采用这种加压方式。

(5)罗拉座。整台细纱机的牵伸装置以罗拉座为基础装在机面上,罗拉座每隔6或8锭分布。罗拉座有一定的倾角,其值对机幅、纺纱包圈角及工人操作都有影响。亚麻湿纺细纱机上,罗拉座的倾角为73°,干纺细纱机上为75°。

三、加捻卷绕机构

1. 干纺吊锭(翼锭)细纱机的加捻卷绕机构

吊锭细纱机的加捻卷绕过程基本与粗纱机相似,由于锭翼的高速回转,及时给从前罗拉钳口送出的纱条加上捻回,利用筒管和锭翼的转速差使细纱卷绕到筒管上。

因粗、细纱工艺要求的不同,它们的加捻卷绕机构存在许多重要差别。

(1)锭翼不是通过齿轮积极传动,而是利用锭带消极传动的。当某个锭子发生断头而需要接头时,不需要整台机器停转,只需要断头的锭子停转。

(2)筒管的转动不是由机件传动的,而是由细纱拖着回转的,所以筒管的转速总是落后于锭翼,于是产生卷绕作用,同时具有卷绕张力,确保了细纱的卷绕密度。

(3)锭翼转速可以大大提高,可达 4 000 r/min 以上。

(4)可以实现落纱自动化,这是由于锭翼高吊和筒管由纱拖动的消极传动为落纱自动化提供了方便。

吊锭细纱机因锭翼受到变形及材料质量等因素的限制,速度不能太高;又因细纱带动筒管转动,纺纱张力大,故不能纺低特(高支)纱;加之锭翼的尺寸较大,故每台细纱机的锭子数不能太多。

2. 湿纺环锭细纱机的加捻卷绕机构

(1)加捻卷绕过程。加捻卷绕过程可参见图 10-1。细纱管紧套在锭子上,跟随锭子一起回转,使纱条获得捻度成为细纱。细纱拖着钢丝圈,沿着钢领表面的轨道一起回转。由于钢丝圈和钢领摩擦,钢丝圈的转速比纱管的转速小,两者之差形成卷绕速度。同时,因细纱拖动钢丝圈回转,产生的纺纱张力较大,使得细纱卷绕到筒管上有一定的卷绕密度。

(2)加捻卷绕机构的特点。

① 加捻卷绕机构的结构简单。锭子、钢领和钢丝圈(钩)等主要部件可以制造得非常精密,看管和维护也很方便。

② 锭子可在较高的速度下回转而不会变形。锭速一般在 4 000 r/min 以上,最高可达 8 000 r/min。

③ 锭子转动消耗的动力少。为此,环锭细纱机是目前国内外各纺纱系统中普遍采用的机种。

(3)加捻卷绕机构的主要机件结构与性能。

① 导纱钩。亚麻细纱机上采用的导纱钩是瓷质的,一般呈蜗牛形,装在叶子板上,由叶子板通过铰链固定在机面前方的三角铁上,可以独自掀起。每只导纱钩可在叶子板上进行前后、左右调整,其作用是将前罗拉送出的纱条正确地引向加捻卷绕机构,保证工艺过程的稳定。

② 锭子。锭子是一套组件,由锭杆、锭胆、锭脚和锭钩四部分组成。

锭杆由合金钢或品质优良的高碳钢经淬火及磨光制成,其顶端是纱管的接触部分,中部有锭盘,由锭带传动,使锭子高速回转。锭杆下端磨成 90°锥角的尖端,插入锭胆内,使锭子高速回转时摩擦阻力最小。

锭胆是高速回转锭杆的轴承,本身容装于储满润滑油的锭脚内。

锭脚是锭子各组件的支座,它承载锭胆和锭杆,依靠螺母固装在龙筋(即锭轨)上,本身装有适应锭子高速回转所需的润滑油。

锭钩是为了防止拔取细纱管时将锭杆一起拔出而设置的制动器。

③ 细纱管。细纱管是供卷装细纱用的,因为它与锭子一起高速回转,所以要求细纱管的结构均匀,偏心度极低,使用过程中不易变形。亚麻湿纺中普遍采用带小孔的细纱管,管的表面既要非常光滑,又要刻有相当数量的细沟纹,以防止绕在纱管上的细纱滑移或脱落。细纱管套装在锭子上,一般采用两点接触,即上端与下端都和锭杆紧密接触,这样就不会引起高速回转时的摇头和跳动,减少纱的毛羽和断头。

④ 钢领和钢丝圈。钢领和钢丝圈是两个机件,由于它们在工作中的巧妙配合,环锭细纱机的加捻卷绕机构才如此简便。

钢领是具有特殊截面的圆环,固装在钢领板上,作为钢丝圈高速回转的轨道。因此,对钢领的结构有下列要求:钢领的轨道必须呈正圆,且能保持经久不变;钢领的截面必须具有适应钢丝圈高速回转的几何形状;钢领的轨道表面必须高度光滑,而且具有极高的硬度。

钢领的大小以其上口边缘的内径表示,它取决于管纱的成形尺寸和纺纱张力等。一般在纺高特(低支)粗纱时可用得大些,纺低特(高支)纱时用得小些。现在国内纺高特(低支)纱时采用 $\Phi 75$ mm 的耳形钢领,纺低特(高支)纱时采用 $\Phi 65$ mm、$\Phi 51$ mm、$\Phi 60$ mm 的平边钢领。

钢丝圈(钩)一般采用矩形截面的金属丝压制而成,它具有一定的硬度和弹性,但硬度必须低于钢领表面的硬度。钢丝圈或钢丝钩都可做成不同的形式,但要符合下列要求:钢丝圈或钢丝钩的重心要低;钢丝圈或钢丝钩在钢领上的接触面要尽可能大;外形应与钢领的外形相适应。

钢丝圈或钢丝钩的规格一般以号数表示。号数表示 1 000 只钢丝圈所具有的质量。号数越大,表示钢丝圈质量越大。钢丝圈或钢丝钩的选用取决于纺纱线密度、所配钢领直径和锭子转速等。

四、 成形机构

1. 细纱机管纱的成形要求

(1) 便于以后应用时的退绕和加工,退绕时不产生脱圈、纠缠和断头。

(2) 应卷绕紧密,使纱管容量增大,提高细纱机的效率。

(3) 在卷绕和成形过程中,应使细纱张力稳定,以保证纺纱过程中的最小断头率。

(4) 便于运转看管,又要便于满纱管在运输、保管和储藏中不易变形。

基于这些要求,在亚麻湿纺环锭细纱机上采用圆锥形短动程卷绕成形,在干纺吊锭细纱机上使用圆柱形长动程卷绕成形。

2. 两种管纱成形的特点比较

(1) 圆锥形卷绕成形的细纱可轴向退绕,纱管不需要转动,故适应高速退绕,且退绕张力较小;圆柱形卷绕成形的细纱只能径向退绕,纱管必须转动,不适应高速退绕,且退绕张力较大。

(2) 圆锥形卷绕时,在一落纱中,卷绕张力分布得比较均匀,即每卷绕一层纱,纱管自小直径到大直径的张力由极大值降至极小值;反之,张力由极小值升至极大值,这样有利于操作。圆柱形卷绕时,在一落纱中,卷绕张力在纱管小直径时最大,造成集中性的细纱断头,不利于工人操作。

(3) 圆锥形卷绕适用于纺低特(高支)细纱;圆柱形卷绕适用于纺高特(低支)粗纱。

(4) 圆锥形卷绕的纱管沾污,会影响整个纱管;圆柱形卷绕的纱管沾污,只影响一层细纱。

3. 环锭细纱机的成形机构

环锭细纱机上的卷绕作用是依靠钢丝圈或钢丝钩与纱管的转速差来实现的。钢丝圈以固定在钢领板上的钢领作为跑道,做平面回转运动,而纱管套在居于钢领中心的锭子上,因此,只要钢领板沿锭子轴向做有规律的上下运动,就能获得细纱的相应成形。

第四节　细纱机牵伸机构的工艺分析

一、 单、双皮圈牵伸区纤维变速点的分布

根据简单罗拉牵伸试验理论,两根纤维在不同截面上变速后的头端距离:

$$a_1 = a_0 E \pm X(E-1)$$

式中:$a_0 E$——纱条经 E 倍牵伸后纤维头端的正常移距;

$X(E-1)$——牵伸过程中纤维头端在不同截面上变速而引起的移距偏差。

在实际牵伸中,正是这种移距偏差(即纤维在牵伸过程中不在同一截面上变速)促使纱条牵伸后产生附加不匀。

牵伸过程中纤维头端的变速位置(变速点至前罗拉钳口距离)不同,各变速点上变速纤维数量不等,因而形成变速点分布。这种分布越分散,其变速点距离前钳口就越远,纱条附加不匀也越大。因此,应尽量使移距偏差 $X(E-1)$ 值减小,或 $X \to 0$,即要求所有纤维头端变速点尽可能地向前罗拉钳口集中。

1. 双皮圈牵伸区纤维变速点的分布

(1) 干纺细纱机双皮圈牵伸。在亚麻干纺或亚麻短纤维与其他纤维的混纺中,有采用这种双皮圈牵伸形式的。

双皮圈牵伸的上下皮圈工作面与纱条直接接触,产生一定的摩擦力界,阻止纤维提早变速,在皮圈销处组成一个柔和而又有一定压力的皮圈钳口,既能控制短纤维运动,又能使前罗拉钳口握持的纤维顺利抽出。与其他两种牵伸形式比较,其纤维变速点平均位置离前罗拉钳口最近,离散度最小,峰值最高,且分布对时间波动性最小。因此,双皮圈牵伸在控制纤维运动及纺出细纱的条干方面,优于其他牵伸形式。

(2) 湿纺细纱机双皮圈牵伸。采用双皮圈牵伸的亚麻湿纺细纱机有 FIU-75 型。牵伸作用在湿纺机中的运用,其含义已不完全是纱条中单根纤维之间的相对位移,它还包含纤维束的分劈和断裂,即将较粗、较长的纤维束分劈成较细、较短的纤维束。在设计牵伸区的隔距时,纤维长度不再是唯一的决定性因素,而是要特别注重纤维的细度,因为粗纤维不能纺较细的纱。经煮漂的粗纱纤维细度一般在 0.49 tex(1 200 公支),最大也只有 0.36 tex(1 600 公支),如果直接用于纺低特(高支)纱,是不可能的。为此,必须分劈成更细的纤维。

纤维束在牵伸区内进行分劈,扰乱了单根纤维的运动秩序。分劈是从变速点开始的,瞬时向后扩展,直至后罗拉钳口或粗纱捻度最大之处或机械握持力较强之处断裂,并立即从慢速纤维中抽拔出去,有时会引起原纤维束及周围纤维跳动和弯曲,而单根的短纤维和

浮游纤维则由周围纤维的带动而变速。因此,牵伸作用不能均匀顺利地进行。为达到均匀纺纱的目的,必须采取强有力的措施,控制纤维分劈和断裂情况,减少纤维间的相互影响,使其变速与分劈点尽量靠近前罗拉,而后部慢速纤维能得到适当的控制。

双皮圈牵伸用对于湿纺是较理想的措施。因为双皮圈牵伸加强了牵伸区中部纤维的控制,使纤维束的变速点和分劈点尽量向前罗拉靠近,纤维分劈和断裂对后续纤维运动虽有影响,但是由于中部从纵向和横向都有较强的控制,纤维的分劈大部分集中在双皮圈的前钳口附近,少数纤维最长的分劈点也只蔓延到双皮圈后钳口附近。因此,双皮圈牵伸能够较为有效地控制纤维的变速和分劈,纤维运动井然有序,纺纱条干均匀,线密度较低(支数较高)。

2. 单皮圈牵伸区纤维变速点的分布

单皮圈牵伸用在 IIM-88-JI5 湿纺细纱机上。这种牵伸形式中,在两对罗拉之间设置一个下皮圈,其上设置一根、两根或数根轻质辊作为中间附加摩擦力界。纱条通过时受到下皮圈和轻质辊的控制,其变速点或分劈点分布在牵伸罗拉钳口至第一根轻质辊之间,皮圈中、后部纤维虽有变速和分劈,但数量很少。因为轻质辊依靠自身质量压在纱条皮圈上,使纤维既受到皮圈的弹性控制,又受到轻质辊的压力握持,变速与分劈点不易向后扩展。它的变速点分布比双皮圈牵伸略分散,但它对纤维的适应性较强,因为它的控制比较柔和。

3. 胸板或挡杆式牵伸区纤维变速点的分布

这种牵伸形式在干纺机和湿纺机上均有采用。中部附加摩擦力界为一块上凸的弧形板(胸板)或一根挡杆,其顶部高出牵伸罗拉和喂入罗拉钳口连线,使纱条在牵伸区中部贴紧胸板或挡杆,通过改变纱条与胸板或挡杆的前后和高低位置,可调整变速点的分布,但它对纤维运动的控制不如单、双皮圈牵伸有效,变速点更为分散,因而条干均匀度较差。

二、 牵伸区摩擦力界的布置与分析

1. 摩擦力界的布置原则

工艺纤维及浮游纤维的运动和变速,主要取决于牵伸区的控制力。为使工艺纤维变速点尽量靠近前罗拉钳口,浮游纤维也不提早变速,必须加强控制力,即加强牵伸区内中后部摩擦力界的强度和扩展幅度,而在变速点分布的区域,引导力要大于控制力,否则不能进行牵伸。为此,摩擦力界的布置必须保证纱条中每根纤维始终保持紧张状态,并随着控制力和引导力的转化而变速。如每根纤维受力不均匀和不稳定,就意味着纤维变速不稳定,会造成条干不匀。其具体原则如下:

(1)摩擦力界应具有一定的分布形态。纱条各部分保持适当的密度,纤维保持良好的接触状态,浮游纤维、慢速纤维、快速纤维间应保持稳定的摩擦力,使纤维变速点的分布保持稳定。

(2)牵伸力必须稳定,并保持适当的数值。因牵伸力使纱条保持一定的紧张度,稳定的牵伸力可避免牵伸区内纱条伸缩跳动,以致纤维产生不规则运动,恶化牵伸过程。当牵伸力过大,后罗拉的控制力较小时,会有过多的浮游纤维提早变速,造成粗细不匀;当控制作用较强时,快速纤维不易与浮游纤维滑开,慢速纤维亦难与浮游纤维滑开,纱条张力增加,可能在握持力较弱的钳口下打滑,进而出现硬头;当前罗拉的握持力也很大时,纱条内部分纤维可能被拉断,因此牵伸力必须保持适当的数值。

2. 摩擦力界的布置要求

根据上述原则,摩擦力界的布置要求如下:

(1)如图 10-14 所示,前钳口的摩擦力界强度应较后钳口的大,范围应较后钳口的小。牵伸区中摩擦力界应自后向前逐渐减弱,以便纤维的变速点向前钳口集中,避免浮游纤维过早变速,减少反复变速的可能性,增加纤维运动的稳定性。随着纤维向前钳口逐渐靠近,快速纤维数量逐渐增多,慢速纤维数量逐渐减少,在两种纤维数量接近相等的地方,为了便于快速纤维顺利地从慢速纤维中抽拔出来,摩擦力界应减弱到一定程度。但是,前钳口附近的摩擦力界应保持适当的数值,不是

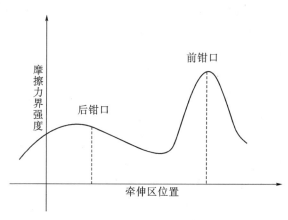

图 10-14 牵伸区内摩擦力界分布示意

越小越好,以便稳定传递牵伸力,很好地发挥引导作用,保证一定数量的纤维加速。

(2)牵伸区中摩擦力界自后向前减弱的曲线可以分成两部分,其分界点在双皮圈的钳口处、单皮圈与轻质辊的钳口处、胸板或挡杆的最高点。后面部分的绝大多数纤维是按照后罗拉速度运动的,这部分纤维应有足够的摩擦力界以承受牵伸张力,并阻止捻回重分布(如喂入品有捻度,这部分的摩擦力界不应向前减弱很多);前面部分摩擦力界则应减弱到一定程度,便于纤维顺利变速和分劈。

(3)在纱条横向的摩擦力界应分布均匀,即纱条的边纤维和中间纤维应受到相同的控制力。

(4)摩擦力界必须对时间稳定,特别是靠近前钳口处。摩擦力界应避免随着喂入纱条的细度、结构等因素的变化而波动。

3. 摩擦力界的运用

亚麻干、湿纺均采用中间附加摩擦力界,纱条在牵伸区内的位置线是中间高、两端低的曲线通道,并在牵伸罗拉钳口处形成一段包围弧,其摩擦力界布置情况如下:

(1)胸板或挡杆式。如图 10-15 所示,当纱条脱离钳口之后,即受到中间附加摩擦力界的控制,不会立即转变为牵伸罗拉的速度。由于牵伸罗拉的牵引,干纺的麻条从后罗拉钳口至胸板或挡杆顶部之间,摩擦力界逐渐减小,之后又增大,其幅度不大,主要是为了保证麻条在此处被拉紧,并以略大于后罗拉的速度贴紧胸板或挡杆而向前运动,使短纤维得到控制,不会提早变速。在胸板或挡杆顶部至牵伸罗拉钳口之间,摩擦力界由大变小,在逐渐接近牵伸罗拉钳口时,又迅速增大。这是为了使慢速纤维一次瞬时转变为快速纤维,其变速点向前钳口集中,从而均匀地完成牵伸作用。

湿纺时,喂入品为经水浸渍的有捻粗纱,牵伸过程中的纤维束运动,不仅有纤维束间的相对位移,还有纤维束本身的纵向分劈和横向断裂。纵向分劈点始于牵伸罗拉钳口附近的

变速点,并立即向后扩展,较长纤维束的分劈波及到胸板的后半部分,致使变速点分布的离散度较大。

为保证在快速纤维抽拔出去的同时慢速纤维不发生跳动和收缩弯曲,要求粗纱有足够的捻度,胸板的位置较高,以增加中间附加摩擦力界的强度,更好地控制慢速纤维和浮游纤维不提早变速。

(2)皮圈及轻质辊式。粗纱条从喂入罗拉钳口送出后,进入单皮圈和两根轻质辊组成的中间附加摩擦力界,由于皮圈的主动回转和轻质辊的压力比胸板的控制更加有力,同时由于粗纱上存在剩余捻度,变速点更加靠近牵伸罗拉钳口,快速纤维能够迅速地从纱条中抽拔出来,浮游纤维又能受到较强的控制,因而牵伸作用得到较好的发挥。牵伸倍数可大大提高,所纺的纱亦可更细。

(3)双皮圈式。由于上下皮圈长距离的握持回转,麻条或粗纱在牵伸区中部的纵向和横向都受到很好的控制。边纤维和中部纤维同样受到包圈握

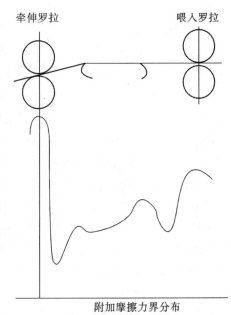

附加摩擦力界分布

图 10-15　胸板式附加摩擦力界分布示意

持,在皮圈中部的控制力比单皮圈更强有力。摩擦力界曲线在皮圈前后钳口之间更加平缓、稳定,对浮游纤维的控制特别有利,而且变速点距牵伸罗拉钳口更近。因而它很适合各种纺纱系统,可纺线密度较低的干、湿纺亚麻纱或亚麻混纺纱。

三、 牵伸机构工艺参数与细纱条干的关系

工艺参数要根据喂入品的定量,纤维长度、细度、捻度、结构,细纱机本身的能力,以及所纺纱线的线密度确定。

1. 细纱牵伸倍数

亚麻细纱机的牵伸倍数包括总牵伸倍数和后区牵伸倍数。根据牵伸的试验理论,在喂入品定量、结构和隔距、加压等不变的情况下,牵伸倍数越大,细纱条干越不均匀,两者呈线性关系。这是因为摩擦力界分布不匀造成波动,在牵伸倍数大时,牵伸罗拉握持的快速纤维数量较少,对这种波动反应灵敏,表现出牵伸力不匀率的平方与牵伸倍数之间接近直线关系,如图 10-16所示。牵伸力波动又导致纤维变速的不稳定,从而影响细纱条干均匀度。为此,在确定细纱的牵伸倍数时,尽量采用较小的牵伸倍数,以保证纱条的条干均匀度,后区牵伸倍数也是偏小为好。

纱条在牵伸区的后部要保持其紧张状态,使浮游

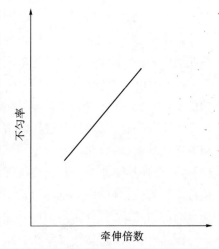

图 10-16　牵伸倍数与不匀率的关系

纤维受控,不提早变速,以便更好地发挥前部主牵伸的作用。如果后区牵伸倍数较大,后部牵伸力增大,中间附加摩擦力界不能有效地控制纱条运动,会造成纱条在皮圈部分打滑,使条干均匀度恶化。

一般而言,皮圈式牵伸机构的牵伸能力大,可将总牵伸倍数选得大些;纺高特(低支)纱的总牵伸倍数可比低特(高支)纱大些;为了前后供应的需要,也可将细纱总牵伸倍数选得大些。对于较旧或状态不佳的细纱机,因牵伸效率低,应选用稍大的总牵伸倍数,反之则选稍小的牵伸倍数。一般纺短麻时,牵伸倍数选得小些;纺长麻时,牵伸倍数可稍大些;纺煮练或漂白粗纱时,牵伸倍数可选得更大。

2. 罗拉隔距

罗拉隔距指牵伸罗拉与喂入罗拉的中心距和中间皮圈轻质辊等的高低及前后位置。

(1)牵伸罗拉与喂入罗拉的隔距。该隔距根据喂入品的纤维有效长度和定量、结构选定。干纺时,罗拉握持距要大于喂入的纤维有效长度;湿纺时,罗拉握持距可小于喂入的纤维有效长度,这样有利于纤维的分劈。再按喂入品的定量、捻度等因素选定。为此,对喂入的麻条或粗纱的纤维长度、分裂度的进行分析是重要的。由于前纺梳理与分劈作用,麻条或粗纱的纤维长度减少很多。干纺麻条纤维的有效长度在 200 mm 左右;湿纱煮练、漂白后的纤维有效长度在 120~150 mm,分裂度为 1 200~1 600 tex。罗拉隔距过大或过小都会使牵伸力波动加大,恶化条干均匀度。

(2)牵伸罗拉钳口至皮圈钳口的隔距。此隔距主要根据喂入纤维的平均长度选定。根据实践,喂入纤维的平均长度,干纺在 100 mm 左右,湿纺则在 60~80 mm。此隔距直接影响细纱条干和断头,要较为精确地计算,它应略大于喂入纤维的平均长度。

(3)皮圈后钳口至喂入罗拉钳口的隔距。此隔距主要根据总隔距、前区隔距、后区牵伸倍数和粗纱定量、捻度选定。这里是牵伸区的后半部分,它的主要作用是使纱条拉紧和稍拉细及部分地解捻,以便在前区进行大牵伸时不会因粗纱捻回重分布而使纱条翻转,从而破坏摩擦力界的合理布置,造成牵伸力增大、纱条条干不匀或断头。如果粗纱定量高、捻度大,牵伸力会增大,这是因为粗纱捻度在张力的作用下,产生向心压力,使纤维间摩擦力增大。应加大隔距,以降低牵伸力。反之,粗纱定量低、捻度小时,隔距应减小。另外,在后区牵伸倍数较大时,隔距可略小些,从而使后部纱条纵向各处都有不同的压强分布,以更好地控制纤维运动。

在选定罗拉隔距时,除了上述原则,还需考虑以下因素:

① 粗纱中的纤维长度长,总牵伸隔距可加大,且前区隔距可稍大,反之则小。

② 粗纱捻度大,总牵伸隔距可大些,或在总牵伸隔距不变的情况下,适当加大后区隔距。

③ 湿纺细纱机上水槽中的水温高时,牵伸隔距可小些;水槽中使用助剂时,牵伸隔距宜小些。

④ 经煮练或漂白的粗纱,细纱机前区的隔距宜小些。

⑤ 皮圈式牵伸机构的总隔距,可比胸板或挡杆式牵伸机构大些。

3. 罗拉压力

牵伸罗拉和喂入罗拉的上罗拉都有弹性包覆物,对其施加适当的压力,可形成具有一定握持力的钳口,以适应牵伸力的变化。因此,罗拉压力要根据摩擦力界的布置要求选定。如前所述,摩擦力界的布置是由后至前逐步减小,到达牵伸罗拉钳口附近时再加大,以保证被牵伸纱条在钳口下不向后打滑,所以在一般情况下,牵伸罗拉的压力应大于喂入罗拉的压力。同时,由于牵伸罗拉的转速快,其压力亦应增加,以加强对纤维的控制,顺利地完成牵伸作用。

4. 湿纺水槽内的水温

湿纺水槽内的水温要根据纤维原料的性能、粗纱的线密度和捻度,以及粗纱通过水槽的浸润时间等因素决定。一般含胶质、杂质较多、较粗硬的纤维,粗纱捻系数大或线密度大(支数低)时,水槽内的水温应高些。经煮练、漂白的粗纱,水槽内的水温可偏低,应掌握在 30～35 ℃。

第五节　细纱张力与纺纱强力

一、 细纱张力

在加捻卷绕过程中,纱条具有适当的张力是保证正常加捻卷绕的必要条件。张力过大,不仅会增加锭子功率消耗,而且会增加断头率;张力过小,会降低卷装密度,影响细纱强力,而且会因气圈膨大和钢丝圈运行不稳定而增加断头率。因此,张力大小应适宜,并与纱条粗细、强力大小相适应,以达到既提高卷装质量又降低断头率的目的。正常大小的张力及其变化不会直接引起断头,而超过纱条动态强力的突变张力才是造成断头的根本原因。

1. 细纱张力分析

纱条的张力可分为三段:牵伸罗拉至导纱钩的这段纱条张力,称为纺纱张力 T_s;导纱钩至钢丝圈的这段纱条张力,称为气圈张力 T_x,钢丝圈至筒管的这段纱条张力,称为绕卷张力 T_w。

(1) 纺纱张力。克服导纱钩摩擦,传向纺纱段,形成纺纱张力 T_s,如图 10-17 所示。由于牵伸罗拉包围弧的阻捻作用,牵伸罗拉附近弱捻区纱条动态强力很小,有时抵抗不住纺纱张力而断头。为此,是否掌握好纺纱张力 T_s 与纱条动态强力的比例和导纱钩结构及安装位置与张力的关系,以及 T_s 的大小及其波动,直接关系到牵伸罗拉与导纱钩之间的断头率的大小。

(2) 气圈张力。气圈顶端张力 T_0 是气圈在导纱钩处的张力,气圈底端张力 T_R 是气圈在钢领处的张力。它们的关系是 $T_0 \cos \alpha_0 = TR \cos \alpha_R = T_x$,$\alpha_0$ 与 α_R 分别为气圈顶角与底角。在卷绕过程中,纱条上张力分布由 A 点向导纱钩 O 点和钢丝圈 R 点逐渐延伸,气圈张力也逐渐变大,$\alpha_0 > \alpha_R$,所以 $T_0 > T_R > T_A$。因此,可以直观地根据气圈形态掌握张力的变化关系。

(3) 卷绕张力。T_w 的作用,一是克服钢丝圈与钢领间的摩擦,保持钢丝圈的圆周回转运动;二是克服纱条与钢丝圈、导纱钩间的摩擦,保持纱条的通过运动;三是克服空气阻力,保持气圈按钢丝圈角速度作旋转运动和纱线的卷绕运动。其中第一种作用是主要的,在生产中,主要以选配合适的钢丝圈型号与质量来控制气圈形态与纱条张力。

上述 T_0、T_s、T_R、T_w 的绝对值虽有差异,但它们之间的关系密切,其变化规律一致,且相互联系、相互影响。

2. 影响张力的因素及其调节方法

在考虑影响张力的因素及其调节方法时,应把张力的大小和差异结合起来,其中张力差异更显重要,在某种条件下,哪一种因素是主要的,不应只从机械方面考虑,而应综合各方面因素分析。

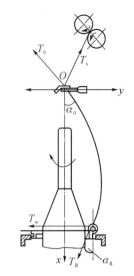

图 10-17　卷绕过程中纱条
张力示意

(1)钢领板位置的影响及其调节方法。卷绕直径的大小与气圈的形状及大小,因钢领板的位置不同而改变。在短动程成形中,钢领板上升时,卷绕直径由大变小,张力由小变大;下降时,卷绕直径由小变大,张力由大变小。钢领板位置低时,纱线长,气圈离心力大,张力大,易断头;钢领板位置高时,纱线短,离心力虽小,但气圈过于平直,缺乏调节功能,也易断头。此外,钢领板升降速度快,卷绕直径变化及气圈直径变化也快,引起张力波动大;当卷绕直径及导纱速度变化时,会引起钢丝圈出现加速度,也影响张力变化。

针对上述因素,采取如下调节方法:

① 升降导纱钩与钢领板一起做升降运动,保持气圈形状及大小不会相差太大。亚麻湿纺细纱机 IIM-88-JI5 和 IIM-88-JI8 型即属此类。

② 采用气圈环。在成形高度较大时,气圈半径会增加,在图 10-18 中,如果锭距满足 Y_{max} 的要求(一般锭距不能满足),采用两个小气圈(采用与钢领板一起升降的气圈环),这两个小气圈的性质和完整的大气圈完全一样。如图 10-17 所示,由于 H_{max} 减小,达到较小的 α 值,即较低的 T_x,这样能使纱线张力减小,从而达到增大管纱容量的目的。国产 F-561 型干纺细纱机即属此类。它不仅能减少断头率,而且可相应减小锭距,还可减少卷绕的动力消耗。但由于气圈环的应用会造成机构复杂和接头操作不便,尤其是大纱阶段接头困难,一般当纱线较粗、锭速较高、卷装较大时,才考虑使用气圈环。

③ 适当减小钢领板的升降速度。在不影响纱线成形的条件下,减小钢领板的升降速度,能缓和张力变化。如 IIM-88-JI5 和 IIM-88-JI8 型细纱机,均采用无束缚

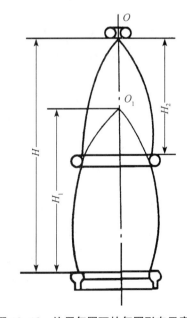

图 10-18　使用气圈环的气圈形态示意

层的做法,即钢领板升降速度相同。由于一次升降的高度较大,不会影响退绕时脱圈。

(2)钢领直径、钢丝圈质量、锭子速度的影响及调节方法。气圈及钢丝圈的离心力是由钢领直径、钢丝圈质量、锭子速度等因素决定的。钢领直径及钢丝圈质量不变时,纺纱张力随着锭速提高而增大,锭速越高,张力曲线上升越快。实践证明,这种现象在钢领直径越大时越突出。这说明在采用大钢领及高速运转时,对张力的控制更为重要。

钢领直径与钢丝圈质量对纺纱张力的影响,在锭速较低时较小,而锭速较高时则非常明显。这说明高速运转时,合理选配钢领及钢丝圈非常重要。

针对上述因素,应采取以下办法:

① 合理地选择钢丝圈的质量。根据纱线线密度、钢领的新旧程度、纤维品质和锭速等决定。线密度低时,钢丝圈质量则较小;新钢领开始用时,钢丝圈质量应减小;纤维品质好,则钢丝圈可适当加重。在减少断头的基础上,钢丝圈适当偏重对成纱品质有利。

在一般情况下,锭速加快,选用钢丝圈宜轻些,但锭速很高时,应选用较重的钢丝圈,对稳定小纱张力有利,从而减少小纱断头率。因为小纱的气圈直径及空气阻力远大于大、中纱,锭速高时更突出,气圈的后仰及不稳定增大了钢丝圈的偏角,同时气圈直径增大,易与隔纱板撞击,这会引起钢丝圈的瞬时停顿,造成张力突增而来不及传递到气圈,从而造成筒管与钢丝圈之间断头。因此,必须注意观察气圈形态变化,一定的气圈高度必须有一定的张力相适应,大、中、小纱都要照顾到。

② 适当选择钢领直径及锭速。钢领直径与张力有关,所以盲目地减小钢领直径,会降低劳动生产率,反而得不偿失。钢领直径应按纱线线密度及锭速的具体情况而定。

由于纱线张力在卷绕过程中不断变化,为使张力均匀,可改变锭速进行调节,即张力大时降低锭速,张力小时提高锭速。调整锭速,可采用双速电机或皮带调节等方法。

二、纺纱强力

牵伸罗拉至导纱钩的纱段所具有的强力称为纺纱强力。经测定,此处的动态强力比管纱强力低得多,当纱线因某种原因产生过大的突变张力时,往往因此处强力低于波动的张力而发生断头。因此,为降低断头率,提高纺纱段的动态强力具有重要意义。

1. 加捻三角区的纱条强力

纺纱段的断头多发生在加捻三角区内,如图10-19所示。据观察,被罗拉握持的纱条中,有一小部分纤维头端在加捻三角区内,它们不承受纱条张力。大部分纤维伸入已被加捻的纱条中,承担纱条张力,故纱条断裂时,大部分纤维或因罗拉握持力不足,从罗拉钳口中滑出,或因纱条捻度太小,从已加捻的纱条中滑出。

2. 增加纺纱段的捻度

纱条上的捻度分布由钢丝圈至牵伸罗拉钳口是逐渐减小的。在捻回传递的过程中,导纱钩对纱条的摩擦阻力所引起的捻陷及捻回传递的滞后现象,使纺纱段的捻度逐渐

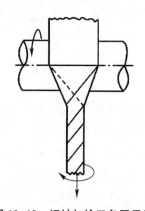

图10-19 细纱加捻三角区示意

减少,至罗拉钳口附近的捻度则更少。导纱钩对纱条的摩擦作用越大,纺纱段的长度越长,其上的捻回也越少,强力就越低,因此需要形成捻回传递的最有利条件,以减小纺纱段长度,特别是减小无捻纱段的长度。

(1)加大导纱角,以减小纱条在导纱钩上的包围弧和由此引起的捻陷。如图 10-20 所示,β 为导纱角,α 为罗拉座倾角,γ 为包围角。如果加大 β,使纱条在导纱钩上较为顺直,减小了包围弧,减少了摩擦,有利于捻回的传递,也减小了捻陷,降低了断头率。但不能无限加大 β,如果导纱钩与牵伸罗拉的水平距离不变,加大 β 势必使纺纱段加长,也使纺纱段捻度减小。当导纱角 β 很大,并与气顶角(α_0,见图 10-17)之和超过 90°时,纱线瞬时悬于导纱钩孔眼中,使纺纱段形成“小气圈”,张力波动加大,从而引起断头剧增。因此,一般认为最大导纱角 β_{max} 以 70°左右为宜。这在亚麻细纱机的设计上已经考虑,如 ΠM-88-Л5 型细纱机的导纱角为 73°。

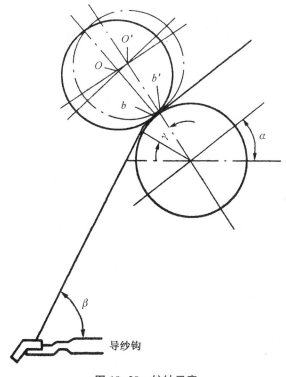

图 10-20　纺纱示意

(2)减小无捻纱段长度。如图 10-20 所示。纱条在罗拉上的包围角 γ 与导纱角 β 及罗拉座倾角 α 间的几何关系是 $\gamma = \beta - \alpha$。包围角 γ 决定着加捻三角区中无捻纱段的长度,它影响罗拉钳口握持的纱条中已加捻部分的纤维数量和长度,对动态强力有很大影响。从三者的关系式可知,要减小 γ,就必须减小 β 或增大 α,而 α 在细纱机的设计中已经确定。因此,在 β 和 α 已定的条件下,一般采用加压罗拉前冲的办法来减小包围弧长度,但前冲过大会影响牵伸效果。ΠM-88-Л5 型细纱机可前冲至 10 mm。

(3)增加牵伸加压罗拉对纱条的握持力。如前所述,加捻三角区内的纱条断裂时,大部分纤维可能因罗拉握持力不足而从罗拉钳口滑出。因此,必须增大对罗拉的加压力,以加强罗拉的握持力,更好地控制钳口下的纤维运动。

三、 细纱断头分析

1. 发生断头的主要原因与一般规律

在日常生产中,细纱断头增多往往是质量波动的先兆。断头增多,工人劳动强度高,成纱疵点多,质量差,消耗多,生产效率低,直接影响产量。因此,降低细纱断头率是日常生产管理中一项必须常抓不懈的重要工作。

细纱断头率以百锭小时的断头根数表示,即按下式计算:

$$细纱断头率[(根数/(百锭 \cdot h)] = \frac{实测断头根数 \times 100}{测定锭数 \times 测定小时数}$$

细纱断头概括为两大类,即成纱前断头和成纱后断头。成纱前断头是指牵伸罗拉纺出纱条之前的断头,发生在喂给部分和牵伸部分,如断粗纱、空粗纱、皮圈部分绕有乱麻、集麻器阻塞原因造成的断头。成纱后断头是指从牵伸罗拉至筒管间,纱条在加捻卷绕过程中发生的断头。造成成纱后断头的原因有加捻卷绕机件不正常、气圈形态不正常、操作不良、断头吸麻装置故障、温湿度掌握不好、原料波动大、工艺设计不当、半制品结构不良等。由此可见,细纱断头是多种因素的综合反映。

在纺纱过程中,当纱线某截面处强力小于作用在该处的张力时,就发生断头。因此,断头的根本原因是强力与张力的矛盾。经实测得知,纺纱张力和纺纱强力两者的平均值比较,前者比后者小得多。随着时间的推移,两者都在时大时小地变化,形成各自的波动曲线。在某一瞬间,作用在纱线某点的张力大于该点强力时,即发生断头。这说明断头主要发生在张力与强力两者波动中波峰、波谷交叉点上,而不在于其平均值的大小。然而,当平均张力增加和平均强力降低,两者数值靠近时,两者波峰、波谷交叉概率会增加,断头概率也就增加。如果张力、强力波动范围减小,特别是降低张力较高的波峰值或提高强力较低的波谷值,两者的平均值即使靠近,断头仍可稳定,甚至可能减少。所以降低断头率的主攻方向是控制纺纱张力、提高纺纱强力、降低强力不匀率三个方面,尤其要减小突变张力和强力弱环,以减少张力与强力波峰、波谷交叉的概率。

在正常条件下,成纱前断头应较少,主要是成纱后断头,基本规律如下:

(1) 一落纱中的断头分布,一般是小纱最多,中纱最少,大纱断头多于中纱。

(2) 成纱后断头较多发生在纺纱段(称为上部断头)。在钢丝圈至筒管间,断头(称为下部断头)较少,但若钢领与钢丝圈配合不当,会引起钢丝圈震动、磨损、飞圈等,下部断头会增加。断头发生在气圈部分的机会较少。

(3) 在正常生产情况下,绝大多数锭子在一落纱中没有断头,少数个别锭子会出现重复断头。

(4) 随着锭速增加,卷装增大,张力也增大,断头增多。

2. 降低断头的主要措施

在细纱生产中,除了从纺纱张力与纺纱强力两方面降低断头外,更重要的是加强日常性的机械、操作、工艺、原料及温湿度方面的技术管理工作。机器速度越高,这些方面的要求越严格。

(1)加强保全、保养工作,整顿机械状态。机械状态对断头影响较大,有时是断头多的主要因素。这种断头主要表现为重复断头。由于多次重复断头,筒管的容纱量少,机械状态不良,主要有歪锭子、歪导纱钩或松动,钢领起浮、羊脚杆升降时出现晃动,或乱麻阻塞时出现顿挫或停滞现象,隔纱板歪斜及少数锭子震动过大,跳管或钢领跑道毛糙等。要及时检修,牵伸部件要保证运转正常,状态完好,以及锭带张力适宜、隔纱板光洁等。

(2)掌握运转规律,提高操作水平。加强运转挡车的预见性和计划性。小纱断头多,要多巡回多接头。中纱断头少,要多做清洁工作,以减少乱麻卷绕和阻塞纤维通道引起的断头,并做到接头快、正确、无疵点。断头多时,也要分轻、重、缓、急处理,掌握先易后难等。

(3)加强原料和工艺管理。配麻成分中批与批交替时,或工艺变动引起的断头波动,属于原料和工艺管理方面的问题。合理配麻,保持成分稳定,并避免大批量的交替,是配麻工作必须遵守的准则之一。工艺变动,一要依据试验数据和理论依据,成熟准确,方可变动;二要保持生产稳定,变动不能过于频繁。

(4)加强温湿度管理工作。亚麻湿纺细纱车间的温度在 25～29 ℃,相对湿度在 65％～75％;亚麻干纺细纱车间的温度应在 22～26 ℃,相对湿度在 60％～65％。注意使车间内各区域的温湿度分布均匀,减少区域差异和昼夜差异,并根据断头情况随时调节。

内 容 提 要

本书为"十三五"普通高等教育本科部委级规划教材。主要内容包括绪论、打成麻制取、打成麻梳理、配麻与混麻、麻条的牵伸与并合、长纤维麻条的制取、短纤维麻条的制取、粗纱、亚麻粗纱煮练与漂白及细纱共十章。

本书可作为高等纺织院校纺织工程专业相关课程的教材,也可供纺织工程技术人员及科研人员参考。

图书在版编目(CIP)数据

亚麻纺纱工艺学 / 孙颖,孙丹,栗洪彬主编. —上海:东华大学出版社,2020.10
ISBN 978-7-5669-1803-1

Ⅰ.①亚…　Ⅱ.①孙…②孙…③栗…　Ⅲ.①亚麻纺—工艺学　Ⅳ.①TS124.34

中国版本图书馆 CIP 数据核字(2020)第 197253 号

责任编辑:张　静
封面设计:魏依东

出　　　版:东华大学出版社出版(上海市延安西路 1882 号,200051)
本 社 网 址:http://dhupress.dhu.edu.cn
天猫旗舰店:http://dhdx.tmall.com
营 销 中 心:021-62193056　62373056　62379558
印　　　刷:句容市排印厂
开　　　本:787 mm×1092 mm　1/16
印　　　张:11.75
字　　　数:278 千字
版　　　次:2020 年 10 月第 1 版
印　　　次:2020 年 10 月第 1 次印刷
书　　　号:ISBN 978-7-5669-1803-1
定　　　价:59.00 元